纺织服装高等教育"十三五"部委级规划教材

男装材料手册

Nanzhuang Cailiao Shouce

刘 茜 编著

东华大学 出版社 · 上海

前言

20世纪90年代以来，服装材料已成为服装流行的重要因素。一种新材料的出现，必然推动新服装的流行，而流行的服装又促进了材料的发展。服装材料和服装一样，既是人类文明进步的象征，也是文化、艺术、科学发展进程中的珍品，在国民经济和人民生活中占有重要的地位。

对于男性而言，服装绝不仅仅是一个装扮问题，而是具有很多的社会属性。如今的男性服装，已更多地作为体现个性、追求舒适、轻松生活方式的载体。随着经济的发展和生活水平的提高，服装材料也不断地向着高科技化发展。材料的科技化、功能化和智能化，不断地提升着服装的附加值。男性如何选择合适的服装，体现自己的品格和品味，恰到好处地运用服装语言，对新时代男性来说具有重要的意义。

而对于服装设计师而言，从服装材料到服装艺术的演变，也是一个艰苦创作的过程，尤其是要求服装较为深层次地体现特定的风格理念时，追求多维视觉的形象创造，对材料质感和肌理的探索，不同材质之间的组合搭配，都可以看出服装材料艺术的魅力和不可忽视的重要性。广泛而有效地运用各种材料为服装艺术的探索开辟了更广阔的空间，创造出人意料而又情理之中的效果。例如：把金属和皮草、皮革与薄纱、透明与重叠、闪光与亚光等各种材质加以组合，同时，特殊材料的应用也延伸到了佩饰配件的各个方面，同样产生了特殊的艺术效果。

本书通过大量的图片以及国际品牌男装案例，结合服装材料的基本理论，较为全面直观地阐述分析了各种风格类型、不同设计要求的男装的特点及所使用的服装材料，详细解读了国际品牌男装中的设计与材料选用，尤其结合了流行的前沿，体现了现代男装及男装材料的新视角与新发展。

本书第一章由上海工程技术大学刘茜完成；第二章和第四章由上海工程技术大学夏蕾完成；第三章和第八章由绍兴文理学院姚江薇完成；第五章、第六章、第七章由上海工程技术大学刘茜和张晓燕完成。全书由刘茜统稿。

本书包含有从其他著作中引用的资料，详见参考文献，在此对所有的作者表示感谢！由于编者水平有限，而且新材料、新产品层出不穷，书中难免有疏漏和不足之处，热忱欢迎广大读者批评指正。

刘茜

2020年8月

目录 Content

第一章 男装材料的发展历程

　　随着社会的进步与科技的发展，人们的着装观念、对服装的审美标准也随着时代的更迭而变化着，男装呈现出天翻地覆的变化。

　　中西方在服装和材料的审美上存在着许多差异。中国古代的服装发展偏重于对面料纹样的研究，而且在服装结构上是以平面的结构为主，所以基本上其工艺方法、材质的选择都是根据纹样的需求和变化而进行发展的，这样的服装及面料展示的是中国内敛含蓄、崇尚王权和阶级等级制度的文化特征，并且服装面料偏重于"寓意"。而西方的服装材料则强调造型之美和立体化的空间感，包括装饰面料的各种技法，也都是为了达到立体化的效果，从而丰富服装的面料和造型，使服装产生华丽繁复和夸张的视觉感受。

　　下面主要从西方的男装材料的发展历程来讲解。

第一节 古文明时期的男装材料

一、古埃及时期的男装材料

　　在古埃及早期，男子服装的形式主要为上身赤膊，下身穿着包缠式腰衣。缠腰布（图1-1-1）是当时最为普遍的服装形式。其是用一条长束带系在腰上，使束带末端悬垂于胯下中央，或是用一块菱形布对折成三角形再围于腰上，在前身打结系紧，这种服装多为下层劳动者穿着。而胯裙（图1-1-2）是一种系于胯上的短围裙，其是以白色亚麻面料（图1-1-3）为主。当上层阶级人们穿用时，它在色彩上除了使用白色外，还使用嵌有白色条纹的蓝色、黄色和绿色，而且在衣料质量上也高档得多，还常用浆糊把布固定出很密的衣褶，且装饰着金银饰物或刺绣，镶嵌着宝石，以示特权。到了古埃及中期，胯裙开始变长、变紧身，其面料更加精细，出现了半透明的细布。

　　到了十八王朝，称为"卡拉西里斯"（Kalasiris）的筒形贯头衣（图1-1-4）被传入埃及，穿在包缠式的围裙里面。此时期还出现一种叫做"多莱帕里"（Drapery）的披肩（图1-1-5），类似袈裟一样缠绕披挂在身上，有许多自然的悬垂衣褶。这类服装最主要的面料仍然是亚麻。到了埃及王朝后期，出现了羊毛制品，但是上层阶级人们是不穿羊毛制衣的，只有底层阶级才穿。除了亚麻，优质毛皮也是古埃及服饰的面料之一，由于其象征着身份和地位，僧侣穿得比较多。直到公元前1世纪，丝绸和棉布通过丝绸之路传入埃及，服饰面料才开始趋于多样化。

图1-1-1 缠腰布（亚麻织物）

图1-1-2 胯裙（亚麻织物）

图 1-1-3 古埃及的亚麻布

图 1-1-4 卡拉西里斯筒形
衣（亚麻或羊毛织物）

图 1-1-5 多莱帕里（亚麻或羊
毛织物）

二、古希腊时期的男装材料

古代希腊男装也非常单纯、朴素，以一块长方形的布料包裹系扎在人体上，形成无形之形的服饰，特别便于大幅度运动。优美的悬垂波浪褶皱是希腊男人宽松服装的主要形态。在希腊男装中，最具有代表性的服装是"希顿"和"希玛申"。

希顿（Chiton）是古希腊男女皆穿的内衣。按照着装方式和形态的不同，它分为多利亚式（图 1-1-6）和爱奥尼亚式（图 1-1-7）两种。这类服装以白色的毛织物为主，后来还出现了绿、茶、金黄等色。可根据穿着需要而织出整块衣料，并在布的边缘织色线装饰。毛织物厚重、垂感好，适合表现这种悬垂式的服装造型。

希玛申（Himation，图 1-1-8）是一种男女都穿的披风，一般披在希顿外面。希玛申可以包裹全身或是简单地披挂在双肩。其材料可根据季节选用厚重型的毛织物或轻薄型的麻织物。

除此之外，古希腊的服装面料还有皮革、上等印度棉等。当丝织品从中国传入希腊后，富有者用丝或丝麻混纺织物制作衣服，其更是轻薄透体、飘逸如仙。

图 1-1-6 多利亚式希顿（羊
毛织物）

图 1-1-7 爱奥尼亚式希顿
（羊毛织物）

图 1-1-8 希玛申（麻或羊毛织物）

三、古罗马时期的男装材料

古罗马男人的服饰只是在古希腊服饰的基础上小有变化。其中，托噶（Toga，图1-1-9）是古罗马时期男人服饰中最具有代表性的服装，其造型为半圆形或椭圆形，长度大约是穿着者身长的三倍，宽为穿着者身长的两倍，后来面积越来越大。托噶主要是以包缠的方式穿绕在身上。

托噶所选用的材料一般多为羊毛织物和亚麻织物，既厚重又肥大，因此托噶的整体效果十分庄重、高贵。后来它也盛行使用丝绸，而棉布只在一部分军人穿着中使用，未在普通人穿着中普及。

图1-1-9 托噶（羊毛和亚麻织物）

第二节 中世纪的男装材料

一、中世纪的文化背景

历史上一般将公元5世纪至15世纪称为中世纪。总体上来说，中世纪文化是在基督教文化的基础上由古希腊与古罗马文化、东方犹太文化、北欧拓殖抢掠文化等多种文化交流融合而形成的综合文化。中世纪的男装史从时间上分为三个历史阶段：拜占庭时期、罗马式时期、哥特式时期。中世纪服装在整体上受基督教文化的影响很深。

二、中世纪的男装材料

（一）拜占庭时期的男装

拜占庭时期男装受罗马、基督教和东方文化的影响，把欧洲的宽肥悬垂的服装与东方纹样结合在一起，基本上沿用罗马帝国末期的样式。后期，随着基督教文化的展开和普及，服装外形逐渐变得呆板、僵硬。这时的男装受东方影响而出现了穿用的裤子霍兹。其他服装类型主要有达尔马提卡、帕卢达曼托姆、帕留姆、罗拉姆、内衣丘尼克等（图1-2-1至图1-2-3）。

拜占庭时期的服装以丝织物最具代表性，其最大的特点是色彩绚丽丰富。织花和刺绣纹样的题材也十分广泛，每一种几何纹样和绚丽的色彩几乎都被赋予了宗教的含义。这一时期的面料不仅有羊毛、亚麻布、棉布，还有从东方传来的丝织物锦、用金丝纺织的"纳石矢"（织金锦）等面料，因此也一度被称为"奢华的年代"。有一种叫做萨米太（Samite）的丝织物，其特点就是将金线、银线与丝混织，十分豪华。

图1-2-1 达尔马提卡和帕卢达曼托姆

图 1-2-2 罗拉姆　　图 1-2-3 霍兹　　　　　　图 1-2-4 拜占庭时期的丝织物

图 1-2-5 拜占庭时期织入金、银线及珠宝的衣料　　　图 1-2-6 拜占庭时期的服饰（以丝、毛织物为主）

同期的织锦还有以麻为经线、以染成纹样的毛线为纬线的织锦，而且更加豪华的面料是把宝石和珍珠织进织物中，这足见当时纺织技术之高超（图 1-2-4 至图 1-2-6）。

（二）罗马式时期的男装

罗马式时期的服装（图 1-2-7）一方面在形式上继承了古罗马和拜占庭时期的宽衣、斗篷、风帽和面纱，另一方面在着装上也保留了日耳曼民族系腰带的丘尼克和长裤等紧身的窄衣样式。罗马式时期的服装特征是男女同型，除男子穿裤子外，几乎没有明显的性别差异。

罗马式时期的服装面料经常选用棉布、织锦、绸缎，并以金银线刺绣作边饰（图 1-2-8）。

图 1-2-9 哥特式建筑

图 1-2-7 罗马式时期
的曼特尔外套

图 1-2-8 罗马式时期的服饰（以棉、
丝织物为主，金银线装饰）

（三）哥特式时期的男装

哥特式艺术风格在欧洲的 12 至 15 世纪达到鼎盛。哥特式服饰指受哥特式建筑风格（图 1-2-9）的影响而形成的一种服装，主要体现为高高的冠戴、尖头鞋、呈尖形和锯齿形的衣襟下端等，而且织物或服装表现出来的富于光泽和鲜明的色调是与哥特式教堂内彩色玻璃的效果一脉相通的。其服饰多采用纵向的造型线和褶皱，使穿着者显得修长，并通过加高式帽来增加人体的高度，给人一种轻盈向上的感觉。哥特式风格的服饰特别重视外表的浮雕效果和线条。

哥特式时期的男装已经从原先的宽松形式向收腰的合体型发展。到了 14 世纪，男女服装在造型上出现了较大的分化。男性服装为短上衣、紧身裤的上重下轻造型。考特（cotte，图 1-2-10）和苏尔考特（surcot，图 1-2-11）是男士的代表性服装，其中苏尔考特是一种极富装饰效果的外衣，用料也较为豪华，并常用毛皮做镶边进行装饰。

豪普兰德（Houppelande，图 1-2-12）是哥特式后期男装样式的代表。豪普兰德用填充物使肩、胸变得更加突起，并填充肩到上臂的袖子处，使其膨大，腰间系上皮带以使腰身收紧，强调了男性的宽厚肩胸和窄臀的造型。后又出现了豪普兰德式长袍，甚至长拖至地，袖子更加宽松，还出现了大喇叭袖，袖长及地。衣料是花缎、天鹅绒、织锦以及小方格图案毛花呢等，还有左右异色的或从左肩到右襟异色的织物。此外，还有两个裤腿颜色各异的紧身裤（图 1-2-13）。当时的贵族男子还喜欢用黑色的缎子，并在上面用金线或鲜艳的丝线刺绣出图案。有的还用毛皮做边饰或做里子（图 1-2-14）。

图 1-2-10 考特（一般为素色毛织物）

图 1-2-11 苏尔考特（毛织物，毛皮镶边）

图1-2-12 豪普兰德（丝缎或毛织物、搭配刺绣图案，毛皮镶边）

图1-2-13 下装采用左右不对称颜色搭配的男子

图1-2-14 穿镶有豹皮边垂袖服饰、戴垂帽尖兜帽、穿尖头鞋的男子

第三节 文艺复兴时期的男装材料

一、文艺复兴时期的文化背景

从14世纪开始，西欧各国兴起了资产阶级文化运动，被称为人类文明史上一次伟大的变革，即文艺复兴运动。当时西欧各国新兴资产阶级的文化革命运动包括一系列重大的历史事件，其中主要的是"人文主义"的兴起，艺术风格的更新，空想社会主义的出现，近代自然科学的开始发展，印刷术的应用和科学文化知识的传播等。"文艺复兴"是人类文明发展史上的一个伟大的转折。

二、文艺复兴时期的男装材料

文艺复兴时期服装款式不断变化，色彩、面料极度考究，纹饰图案和立体装饰极尽奢华与富丽，这形成了文艺复兴时期的服装特色。当时纺织品和刺绣品已经相当完美，色彩绚丽的上等纺织面料为贵族们及富有商人提供了多种选择的机会。文艺复兴时期，王室成员和贵族们十分注重服饰上所佩戴的饰品，常在高级的天鹅绒衣上镶缀各类宝石与珍珠，而且还以贵重的山猫皮、黑貂皮、水獭皮等装饰在衣服上，以作为富有的标志。此外，专门织制的五彩斑斓的花纹系带与相得益彰的以高超技艺制作的透雕刺绣，以及精心绣制的透孔网眼，将服装的装饰性进一步推向高峰。

文艺复兴时期的服饰，大体上分为三个阶段：意大利风时期（1450—1510年）、德意志风时期（1510—1550年）、西班牙风时期（1550—1620年）。

（一）意大利风时期的男装

这一时期的男装大多仍是普尔波万（紧身上衣，图1-3-1）、修米兹（衬衣）和肖斯（紧身袜裤，图1-3-2）的组合。普尔波万衣长至臀部，系有腰带，领子有圆领、鸡心领和立领等形式，使用填充物（如棉、麻纤维）突出宽阔肩膀，衣料为麻及羊毛，质地硬挺有型，袖子可自由拆换，装袖子时将细带系在袖孔上，露出里面衬衣，形成独特装饰效果。修米兹的领子也逐渐变高，而且有褶饰，多为白色亚麻布。男子外出时在普尔波万外面套穿宽肥的外衣，称为嘎翁（Gown），是一种宽大的长袍。内衣的一部分从

图1-3-1 普尔波万（衣料为麻及羊毛，
棉麻填充物突出宽阔肩膀，袖子可拆换）

图1-3-2 肖斯（紧身裤袜）

外衣缝隙处露出，与外面的华美织锦面料形成对比，进一步衬托出面料的美。

（二）德意志风时期的男装

此时期上衣普尔波万基本造型和前一时期大致相同，但名字已改叫达布里特（Doublet，图1-3-3）。达布里特无领，里衬多用细亚麻布，外面布料常取纹锦，内衣领子很高，有细小的褶饰。有时在外面穿上一件叫杰肯（Jerkin）的无袖背心式紧身衣（这也是今天男士套装背心的最初模式），多以豪华织锦缎为主。到了冬天，便在达布里特上衣外面套上翻领的大衣。这种男士大衣的德语名字叫绍贝（Schaube），也称作德国大袍，从16世纪开始在德国流行起来，成为中产阶级男子御寒的主要服装。较多的会用裘皮做衣领或服装缘边。

布里齐斯（Dreeches，图1-3-4）是16世纪欧洲男子普遍穿着的半截裤子。它有两种款式：一种造型比较肥大，类似南瓜的形状，表面用不同面料拼出凹凸条纹；另一种就是造型比较紧瘦并长及膝部的男式紧身裤。

（三）西班牙风时期的男装

西班牙风时期服装追求极端的奇特造型和夸张表现，缝制技术高超。以西班牙为代表的欧洲男士普遍采用的领饰为车轮装的皱领，即"拉夫"（Ruff）领（图1-3-5）。这种衣领完全脱离内衣而独立存在，成为服装中可以拆卸的部分。这种领子成环状套在脖子上，用白色或黄、绿、蓝等浅色的细亚麻布或细棉布裁制后再上浆、整烫成型，为使其形状保持固定不变，有时还用细金属丝放置在领圈中作支架。又厚又硬的拉夫领戴在脖子上，头无法自由活动，使男性强制性地表现出一种傲视一切的姿态。

文艺复兴时期更重视和扩大了衬垫的使

图1-3-3 杰肯和带有立领的
达布里特（里衬细亚麻布、
外层织锦缎）

图1-3-4 布里齐斯（麻、
丝与毛织物拼接）

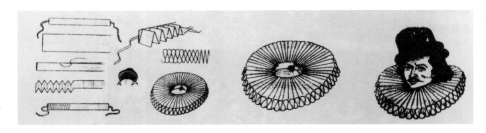

图 1-3-5 拉夫领（细亚麻布或细棉布材质，放置金属丝）

图 1-3-6 西班牙风男子着装（麻与毛织物居多，填充大量衬垫）

用，在男服的肩部、上臂部、胸部、腹部和短裤内填充大量衬垫，从而出现了庞大的灯笼袖、灯笼裤的形式（图 1-3-6）。此时男子一律穿短裤，裤长不一，在短裤以下则是紧身裤肖斯。此时的肖斯都采用明亮的色彩，脚上穿着方头形鞋子。由于使用填充物，肩和袖子都填得很厚很硬，造成僵硬状态，使袖山与袖窿无法缝接，需用系带、金属链扣或宽条的镶嵌带将袖子固定在袖窿处，或用针线粗略缝拢。

第四节 17—19 世纪的男装材料

一、17—19 世纪的文化背景

17 世纪的欧洲极为动荡。屡屡不断的内战，连年不休的战争，以德意志地区为主战场，几乎欧洲所有国家都参加了举世文明的"三十年战争"（1618-1648 年）。这是一个男性大显身手的年代。进入 18 世纪，标志性事件就是席卷整个欧洲的启蒙运动。到了 19 世纪，西欧与北美因工业革命而促成了技术与经济的进步，同时，这些工业国家殖民了世界很多国家地区，造成许多古文明国度被迫走向"现代化"。此外，多数欧洲民族建立起属于自己的现代国家，开始发展与保存本国的历史与文化。

二、17—19 世纪的男装材料

17 世纪欧洲的服装材料极尽奢华，繁荣而精致。进入 18 世纪，纺织技术不断革新，色彩丰富的耐水性染料和木板印染应运而生，飞梭、多轴纺纱机和水利纺纱机经改进而制造出"骡机"等技术革新，为当时服饰文化的盛行奠定了坚实的物质基础。

（一）巴洛克时期的男装

一般将欧洲的 17 世纪称之为巴洛克时期。巴洛克代表了路易十四的富丽堂皇的精神特质。该时期的服装具有虚华矫饰的风格，尤其在男装上极尽夸张雕琢。巴洛克服装的发展经历了两个历史阶段，即荷兰风时代（1620—1650 年）和法国风时代（1650—1715 年）。男装摆脱了文艺复兴时期的过于膨胀臃肿的填充物和衬垫，衣服变得柔软。荷兰风时代的男装比样式僵硬的西班牙风格男装显得更具有功能性，更干练。大量蕾丝和花边作为装饰出现在领子、袖子和裤口处，代替了文艺复兴时期的金、银、珠宝装饰。法国风时代以法国宫廷风格为主，在衣服上大量使用缎带、蕾丝、刺绣进行装饰，还有大花边领子和超多饰纽装饰（图 1-4-1）。

图 1-4-1 路易十四的服装（织金锦、天鹅绒，金银丝刺绣及缎带装饰）

（二）洛可可时期的男装

洛可可艺术始于 17 世纪末，发源于法国，是在保留巴洛克艺术中那些艳丽色彩和华丽形式的基础上添加了许多矫饰的色彩、纤弱柔美的形象和繁琐精致的造型。

此时期男人穿外套、马夹、马裤。马夹由缎子或丝绒面料做成，长袖，有口袋，并饰有风景、花纹、动物图案的刺绣，用金银、瓷釉作扣子。敞开的马夹只扣上面的几个扣子，露出里面镶有花边领的衬衣。领子被系成围巾形状。外套是用与马夹同色的丝绸料做成（图 1-4-2 至图 1-4-4）。

图 1-4-2 洛可可时期男装（绸缎和丝绒面料）

图 1-4-3 洛可可时期马夹（绸缎或丝绒，刺绣图案，金银线刺绣或瓷釉扣子）

图 1-4-4 洛可可时期花边领衬衣（绸缎面料）

（三）新古典主义时期的男装

法国大革命时期（1789—1794 年）男装摒弃了繁复的人工装饰，不再沿袭法国贵族样式，开始向朴素、规范和功能化方向发展。这一时期男装的流行趋势是减少刺绣和装饰，采用面料朴素的毛织物。

大革命时期出现了近似西服的短上衣，被称为卡曼纽拉（Carmagnole），是卡曼纽拉地区劳动者的服装。它为翻折领，领口开得很低，在腰间有两个口袋，金属纽扣，里面配穿朴素的衬衫，下身配穿长裤潘塔隆（Pantalon）。平民特别喜欢穿着潘塔隆，它常用象征革命的红白蓝三色条纹毛织物制作（图1-4-5）。与卡曼纽拉和潘塔隆配套的有两角帽、红背心、短袜子和轻便鞋。

此时期贵族男士喜欢穿着明亮颜色的礼服或外衣，配上黑色的翻领。这时男士礼服的前襟下摆向后斜裁的样式发展为从腰部直角拐弯，然后再以弧线形裁到后身，使后身长于前身，呈燕尾状，这就是最早的燕尾服（图1-4-6）。有的大衣也采用从腹部向后以圆弧线斜裁的形式，这种样式是晨礼服前身。

图 1-4-5 法国大革命时期着装（红白蓝条纹毛织物）

图 1-4-6 燕尾服（毛织物）

图 1-4-7 浪漫主义时期的男子典型着装（呢绒、天鹅绒、山羊绒织物）

（三）浪漫主义时期的男装

19 世纪初期，由于长期的战争，人们的心里都弥漫着不安的情绪。许多人都逃避现实，憧憬富有诗意的空想境界，倾向于主观的情绪化，并以中世纪文化的复活为理想，强调感情上的优越。这种浪漫主义的思潮不管是在文学、艺术还是服装上都有明显的反映。服装款式上以繁杂的饰带、花边、蝴蝶结代替了新古典主义服饰的简朴单纯。这一历史阶段被称为服装史上的浪漫主义时期。

这时期男装上衣为三件套——衬衫、西服背心、礼服（图1-4-7）。为了强调男子宽肩细腰的健美体型，在礼服中开始利用填充物，把双肩垫得很高并使胸部饱满，整体轮廓成倒三角形。为使自己的身体适合这种造型，男士们也开始使用紧身胸衣来整型。

这时期的男装色调非常典雅，服装式样和面料都趋向肃穆、深沉，上衣多用黑色、茶色等深色的呢绒，驳头和领用天鹅绒。时髦的男子常穿着用浅色开司米或条纹织物以及白色针织面料做的紧身礼服，而且在裤脚出现了裆带儿，挂在鞋底，很像女性穿的健美裤。

（四）新洛可可时期的男装

此时期男子服装在整体造型上没有多少改变，但在细部上有很丰富的变化，同色同料的三件套形式，即上衣、基莱和潘塔隆，成为普及的常服和礼服（图1-4-8、图1-4-9）。

图1-4-8 新洛可可时期男子的礼服（多用羊毛、山羊绒精纺织物）

图1-4-9 新洛可可时期男子的外出服（精纺毛织物）

夫洛克·考特（Frock coat）是当时流行的男子礼服大衣，前门襟为直摆，衣长至膝上，四或六粒双排扣，多采用黑色精纺毛料或礼服呢面料（偶尔也会用雪花呢），翻领用同色丝绸面料。夜间正式礼服（Evening dress，即燕尾服）选用黑色或藏青色精纺毛料，或驼丝锦、开司米，与礼服同色的缎面戗驳头领，长裤在外侧缝上同色的缎带装饰。白天穿的晨礼服，前襟从腰部向后斜裁下去，后片长至膝后部，腰围线处有裁断拼缝，后背从腰部向下开衩，与其配套的长裤除选择与礼服同色、同料外，也有用条纹或条格面料的。

从19世纪50年代起流行一种与基莱和长裤组合的上衣，称为休闲夹克，整体套装同色同料，上衣、长裤与今天的西服套装基本相同。

（五）巴斯尔时期的男装

19世纪70年代到90年代，男子服装基本形式还是以延续30年代以来的绅士服为主，继续流行上衣、背心、长裤的三件套组合形式。但流行的西装背心面料一般选用华丽的织锦制作，取代了原来曾流行一时的需要刺绣装饰的棉布背心。到80年代，欧洲男装以英国为中心流行起了源于苏格兰北部地区的一种附带披风的外套，这种款式的服装领口伏贴，造型从肩往下展宽，大多采用毛呢格子布料制作。同时还出现了功能性的乡村服、运动服、猎装等。

19世纪80年代最流行的是一种羊毛粗花呢的诺福克夹克（图1-4-10），这种夹克通常为齐臀长度，单排扣，有腰带，大补丁口袋，前、后身由肩至衣摆打有箱形褶。与诺福克夹克配套的下装是灯笼裤。

19世纪后期，在欧洲男装中由亚麻条纹布和方格布制成的浅色衬衣与便装一起穿用，是非常时髦的式样。便装也叫散步外套，实际上是一种无燕尾的礼服，通常用于非正式的公共场合穿着，无特定形式。另外，欧洲人在冬天习惯穿毛绒和灯芯绒马裤，在秋天则流行穿用英国生产的防水布制作的服装。

（六）S形时期的男装

19世纪最后的10年到20世纪的前10年，艺术领域出现了新的思潮与新艺术运动。其特点是否定传统的造型样式，采用流畅的曲线造型，突出线性装饰风格，主题以动物植物为主，如蛇、花蕾、藤蔓等具有波状形体的自然物，加上创造性的想象，用非对称的连续曲线流畅地描绘出精细的图纹。

此时的男子基本穿着同色同料的三件套装（图1-4-11）。男式背心和现代的款式非常接近。日常衬衣、领带在服饰中受到很大重视。衬衣的造型有两种，主要是领型的不同，即双翼领和企领。正装用的

图 1-4-10 诺福克夹克　　　　图 1-4-11 "S 形"男子三件套
（羊毛粗花呢织物）

衬衣面料为亚麻布或高质量的凸纹棉布，日常衬衣则选用淡雅的素色、粉色或蓝色的棉条纹面料。

第五节　20 世纪的男装材料

进入 20 世纪，由于科学技术和工业生产的发展以及政治经济的影响，两次世界大战所带来的巨大灾难，加之战乱过后人们希望经济、家园迅速复兴而催生的热情和梦想，各种艺术风格也以前所未有的速度变得繁荣而复杂。从此时起，男装进入了"现代风格"阶段。

一、20 世纪 20—40 年代的男装材料

第一次世界大战后的 10 年，人们想要尽情享受战后的胜利，并努力要把战争时期失去的一切弥补回来。物质主义盛行、及时行乐成为大多数人的宗旨。

进入 20 世纪 30 年代后，英国流行一种宽松式的、有悬垂感的西服。这种西服使用垫肩强调宽肩造型，领子和驳头也较宽，扣子位置很低，驳头显得很长，衣身宽松，衣长至臀底，突出衣料的悬垂效果。这一时期的西服，特别是英国式的正统西服，都是在专门制作男装的西服店定做，被称作高级定制服装，采用精纺毛料。与此不同的是，美国人则尝试设计一些带有美国风格的男装样式，采取混纺面料代替精纺毛料，在细节上加入折边、贴袋等变化。这些带有休闲意味的样式受到美国男子乃至欧洲上层男士的普遍欢迎。

这个年代人们开始厌烦了缺乏精美装饰和精致细节的男性服装，典雅风格的服装又开始回归。但到了 1939 年第二次世界大战爆发后，男装发展再次受到军装风格的影响。夹克式军装配穿长裤和皮制短靴或齐小腿中部的松紧靴，成为普遍穿着的装束。穿翻毛领飞行夹克（图 1-5-1）、配扎各色丝巾、留八字胡，成为男性时尚形象。此外，美国将军艾森豪威尔穿过的夹克样式也曾在 40 年代风靡一时。这种夹克衣长至腰，领型为翻领，前开襟使用拉链，胸前有带盖的褶裥贴袋，袖口使用纽扣，面料为质地牢固的华达呢、斜纹布等，具有良好的使用功能性。

此时期还在 30 年代强调宽肩"悬垂式套装"的基础上，发展出了一种称为"bold look"的西装（图

1-5-2），进一步使用厚而宽的垫肩来夸张强调肩部，同时相应地把领子及领带都加宽，极力追求一种宽阔、强壮而有力的造型风格。

图 1-5-1 飞行夹克（华达呢、斜纹布）

图 1-5-2 20 世纪 40 年代的男装（呢绒面料）

二、20 世纪 50—60 年代的男装材料

"二战"结束后的 50 年代，国际局势趋于稳定，社会经济得以健康发展。从这一时期开始，各种化学纤维被不断地开发生产出来，丰富了服装材料的选择。个性化的需求和追求舒适的生活方式使休闲西装（leisure wear）大规模盛行起来。许多男青年喜欢穿颜色鲜艳并印有图案的运动衫、T 恤衫和夹克衫，以及用薄斜纹呢制作的窄脚裤，并露出花哨漂亮的袜子。为了强调个性，很多年轻人在上衣胸袋处绣上了军队或某一俱乐部的标志和徽章。与此同时，摩托车成为欧美年轻人普遍喜欢的交通工具，与之相配的皮夹克、皮裤和皮靴也随之风行一时。在正式男装上，总体仍然保持典雅、稳健的风格，主要是以三件套西装配上领带、礼帽和手杖的装束为主。

60 年代是 20 世纪中变化最大的年代，波普艺术、摇滚音乐都诞生于此时。服装界出现了牛仔装、T 恤衫、摩兹式和嬉皮士等前卫样式。对 60 年代服装变革起到关键作用和影响的是 1965 年左右出现于英国的摩兹式（Mods look）和 1967 年出现于美国的嬉皮士（hipple）与孔雀革命（peacock revolution）。摩兹式原本是专门用于对爱好现代爵士乐的英国青年的称呼，后来专指一群穿着怪异的年轻人和模仿者。他们留着长发，蓄着胡子，身着细身收腰的西装，配以色彩鲜艳的棉质花衬衫和喇叭裤，系着宽领带，女性化风格倾向十分明显。嬉皮士的着装与他们有着相似的内涵和风格，留着令人瞠目结舌的发型，穿着印有各种民族风格或梦幻艺术风格图案的衬衫和 T 恤，佩戴前卫的手工首饰。1967 年孔雀革命的兴起使男装走出了以黑色为主的沉闷单一的色调风格，迎来了一个绚丽多彩的色彩世界。西服在廓型上讲究合体修身，在材质上也大量使用柔软性和悬垂性好的色彩鲜艳而华丽的面料，给一个多世纪以来稳重古板的西服增加了柔美明朗的特质。

三、20 世纪 70 年代的男装材料

这个时期由于年轻化消费人数剧增以及成衣业的快速发展，一个大众化、多样化、国际化的时代到来了。同时，60 年代那群乐观的青年人被新一代悲观主义者所取代，受到这种反叛精神的影响，此时出现了"朋克"风格（图 1-5-3）。黑色紧身裤，印着寻衅的无政府标志 T 恤，皮夹克和缀满亮片、大头针、拉链等装饰物的形象，从伦敦街头迅速传播到整个欧洲和北美。"反时装"是该时期时装设计的一个观念，

无论是廉价的成衣还是高级时装，长短随意，穿着自然，根本不受着装规范的约束。

此时，无阶层、无性别和无年龄差异的牛仔衣、牛仔裤成为男女老少皆穿的日常服。在西装中也出现了休闲风格的便装西装，各种格子面料、粗纺花呢、灯芯绒及棉麻织物大派用场，明贴袋、缉明线等各种非传统西服工艺手段非常流行（图1-5-4）。

图 1-5-3 朋克服饰

图 1-5-4 条格西服（精纺或粗纺毛呢面料，化纤里料，金属、树脂材质纽扣）

四、20 世纪 80 年代的男装材料

20 世纪 80 年代最为时髦的社会群体被称为"雅皮士"，指年轻的、住在城市中的职业人士。他们着装目的不仅是为了表现美观，也为了显示成功的事业和生活。雅皮士们衣着讲究，修饰入时，处处透露出良好的生活状态。进入 20 世纪 80 年代后，世界经济得到复苏，复古风格的男装又开始受到人们的青睐，西服样式又回到传统的英式造型上来（图1-5-5）。但不同的是，在搭配方式上上衣与裤子在色彩和面料上可以自由组合，追求一种轻松、愉快的休闲气氛。与此同时，英国传统的使用粗纺花呢制作的"田园装"成为这一时期的时髦服装。

图 1-5-5 雅皮士着装（精纺毛织物，化纤里料，牛角、金属、树脂材质纽扣）

五、20 世纪 90 年代的男装材料

进入 20 世纪最后 10 年，设计风格出现了恢复 20 世纪各个年代的流行现象，使男装设计充满浓郁的历史感和文化感。与此同时，加强环保和回归自然成为人们的迫切希望。在服装设计中设计师大量采用棉、麻、丝、毛等具有粗糙与松垮的外观肌理效果以及各种有手工感觉的天然纤维材料，在装饰内容上各种具有原始风格的图腾纹样和民族民间纹样受到重视。

而此时，作为男装主力的西服套装，不但在制作工艺和服装质地上追求高科技含量，而且在穿用感觉和舒适程度上都更加讲求柔软化和轻便化。其造型主要以自然肩线、三或四粒扣、短驳头、略收腰为主。裤型多为上宽下窄的锥形，面料一般以高支纱的薄型面料为主。衬衫领型除了传统的标准领外，还盛行领角较大的温莎领并配以宽领带。衬衫面料除了传统的白色高支棉织物外，各色条格纹、自然花纹、几何花纹的棉毛织物、棉麻织物和毛丝混纺织物也大为流行。同时，许多立领、无领衬衫以及高领和圆领 T 恤也被人们广泛穿用。

第六节 现代男装材料的发展趋势

中西方在服装和材料方面的发展，是整个人类和社会文化发展的必然性所造就的，文化的交融与科技的进步都能促进社会和艺术的多元化发展。伴随着社会的信息化、科技化，国际时装周、各类面料展等资讯，让大众开阔了眼界，与时尚拉近了距离。男装正经历一场蜕变，传统、暗沉的面料风格已经不复存在，男装面料也呈现出多元化的趋势，无论是从风格上、色彩上、花型上还是工艺技术上，都不断地推陈出新。

一、由单一外观材质向丰富外观材质发展

早在 1967 年西方掀起的"孔雀革命"，男装设计就颠覆了黑、白、灰、深蓝等常用色彩，将艳丽明亮的女性化色彩运用到男装之中，对传统男装色彩产生了强烈的冲击。时尚发展到今日，印花早已不再是女装的专利，粉色也成为男性所爱，男装面料更加呈现出多姿多彩的多元化风格。

随着技术的进步，男装面料体现出丰富的肌理效果，剪花、烂花与印花技艺等，赋予面料强烈的视觉冲击力及轻盈浪漫和时尚的感觉。牛仔面料的提花、水洗等后处理工艺、针织的立体提花技术、精纺毛面料的后处理等赋予面料丰富的肌理效果（图 1-6-1 至图 1-6-6）。

透过色彩的变幻搭配塑造面料的装饰性效果也是流行的趋势，如利用不同原料的交织、特殊染整工艺、数码印花等各种方式，塑造出渐变、条纹等色彩效应，使得男装通过时尚性的面料和基本款的廓型相结合，极致塑造了感性的男性形象。

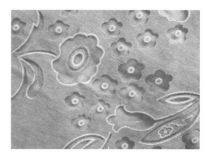

图 1-6-1 烂花布　　　　　　图 1-6-2 剪花布　　　　　　图 1-6-3 牛仔提花布

图1-6-4 牛仔砂洗布　　　　　图1-6-5 针织提花布　　　　　图1-6-6 数码印花布

二、由厚重型材料向轻薄型材料发展

男装材料一直没有停止高档轻薄化的脚步。轻薄型面料被喜欢的原因，应该在于男装追求化繁为简的设计思想，而最重要的还是因为它的便携性。

抗皱和轻薄是目前男装面料的两大发展趋势。为了提高轻薄型男装及其织物的外观风格和服用性能，采取在原料选用、混纺、织物结构、色彩流行等方面的不断改进，得到高档轻薄型织物、各种仿绸织物等，以适应消费需求水平的提高（图1-6-7、图1-6-8）。

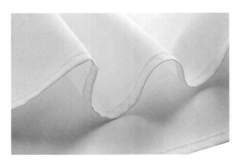 

图1-6-7 高支纯棉面料　　　　　　　　　图1-6-8 仿丝绸面料

三、以科技为先导，向高科技化材料发展

意大利、英国等发达国家的男装品牌被视为高端品牌的代表，究其原因，除了其在板型和工艺上的考究外，重要的是其面料品质上乘，能塑造出优良的外观轮廓和舒适的穿着体验，而高端的面料生产需要由高科技的生产设备和工艺来支撑。随着科技的发展，高科技面料层出不穷。

现代社会中人们工作、生活的压力增大，男士们更加注重服装品质和穿着实用性，对于常规款式的衣服，若能在面料上通过高科技施加特殊功能，就能大大提升产品的附加值。比如，男衬衫面料的免烫整理、羊毛衫面料的洗可穿处理等，为消费者减少了保养烦恼，因而大受青睐。此外，透气性好、抗菌的竹和麻等天然面料解决了男装良好的舒适性诉求，可恢复的记忆面料、吸湿排汗、防水拒污、抗皱、防晒、保暖御寒等特殊功能的面料，目前也受到男装品牌的青睐，满足了男士不同的需求。近年来流行的3D技术也被应用到男装面料中，利用"视觉差屏障"技术与数码印花相结合打造的面料，呈现了3D逼真的影像效果，富有强烈的立体感和科技时尚感。对于"潮男"服饰品牌，3D面料是非常契合的（图1-6-9至图1-6-18）。

更多的高科技面料将在后面的第六章第四节"男装材料向高科技、未来主义风格方向发展"中进行详细介绍。

图 1-6-9 免烫衬衫面料

图 1-6-10 防晒面料

图 1-6-11 吸湿排汗面料

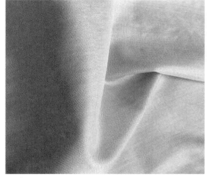

图 1-6-12 银纤维抗菌面料

图 1-6-13 3D 压花面料

图 1-6-14 发泡印花面料

图 1-6-15 大凹凸点 3D 网孔布

图 1-6-16 盘花绣面料

图 1-6-17 3D 烂花面料

图 1-6-18 3D 水溶性花边

第二章 经典风格男装材料分析

经典风格男装端庄大方、传统保守，具有高品质，是相对比较成熟而且能被大多数男性接受的服装风格。经典风格不太受流行左右，追求严谨、高雅和含蓄，是以高度和谐为主要特征的一种服饰风格。

第一节 经典风格西装材料分析

西装，广义指西式服装，是相对于"中式服装"而言的欧系服装；狭义指西式上装或西式套装。西装一直是男性服装王国的宠儿，"西装革履"常用来形容文质彬彬的绅士俊男。西装的主要特点是外观挺括、线条流畅、穿着舒适。若配上领带或领结后，则更显得高雅别致。

图 2-1-1 四件套经典西装

一、经典风格西装的种类及特点

正规的西装一般是四件套，包括西装上衣、衬衫、背心、西裤，此外还需配领带（图 2-1-1）。而现在比较流行的着装是西装上衣、衬衫、领带和西裤或西装上衣、衬衫、毛衣（毛背心）、领带和西裤。

按西装上衣的纽扣排列来划分，可分为单排扣与双排扣西装上衣。单排扣的西装上衣，常见的有一粒、两粒、三粒扣三种（图 2-1-2）。双排扣的西装上衣，常见的有两粒、四粒、六粒扣三种（图 2-1-3）。两粒扣、六粒扣的双排扣西装上衣属于流行的款式，而四粒纽扣的双排扣西装上衣则明显具有传统风格。西装后片有单开衩、双开衩和不开衩。一般单排扣西装上衣可以三者选其一，而双排扣西装上衣则只能选择双开衩或不开衩。

图 2-1-2 一粒、二粒和三粒单排扣经典西装上衣（精纺全羊毛及毛混纺面料）

经典风格西装上衣一般采用稳重的颜色，如浅暖灰、可可色等，配合浅色或柔和色的衬衫，如象牙色、浅灰色等，而领带的颜色可以是略微鲜艳的蓝色、浅杏色等，西裤的面料和颜色则一般与西装上衣一致，形成套装系列，适合商务会议、会见、出访、谈判、演讲等正式、严肃的重要场合。

西装是从古代英国绅士的乘马服（大礼服的前身）演变而来，为减少阻力和运动方便的缘故，上身剪裁得很合体，但为了穿脱和洗手的方便，袖衩也就自然形成了，固定袖衩的纽扣也随之产生（图 2-1-

图 2-1-3 二粒、四粒和六粒双排扣经典西装上衣（精纺全羊毛及毛混纺面料）　　图 2-1-4 西装袖衩（选用树脂纽扣）

4）。袖衩的工艺形式、纽扣的位置与数量，便成为男装礼仪程式的语言。

西装上的胸袋不是装手帕用的，而是使整体色调协调，富有变化的专属部件（图 2-1-5）。装饰巾和胸袋组合成为一种格调，颜色应和领带颜色相同，或采用与整体色调同色系偏鲜艳的颜色。装饰巾按露出形状可分为平行巾、三角巾、两山巾、三山巾、圆形巾、自然巾。其材质主要有丝绸面料、棉面料和麻面料（图 2-1-6）。

图 2-1-5 西装胸袋

图 2-1-6 西装装饰巾（真丝及仿真丝面料）

二、经典风格西装的常用材料

（一）按照面料成分来分

经典风格西装面料材质选择上以精致高档的全毛面料为主，部分选用羊毛与丝混纺、羊毛与羊绒混纺以及羊毛与亮丝等化纤混纺的时尚面料（图 2-1-7 至图 2-1-10）。

1. 羊毛面料

羊毛面料具有良好的回弹性，轻薄、透气、手感舒适，表面光滑平直、有光泽，织物结构紧密均匀，手感滑挺，饱满，且具有良好的悬垂性性、挺括性。

图 2-1-7 全羊毛面料

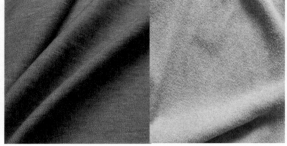

图 2-1-8 羊毛 / 丝混纺面料　　　图 2-1-9 羊毛 / 羊绒混纺面料　　　图 2-1-10 亮丝面料

2. 羊毛与丝混纺的面料

羊毛与丝混纺的面料光泽柔和明亮,具有良好回弹性,轻薄、透气,结合丝的独有特点,表面光洁细腻,具有良好的吸湿、散湿性能,手感滑爽柔软,质感饱满,高雅华贵。

3. 羊毛与羊绒混纺的面料

羊毛与羊绒混纺的面料在手感上更加柔软,羊绒纤维纤细、滑糯、轻薄,富有弹性,色泽柔和,吸湿性、耐磨性都很好,保暖性好。

4. 羊毛与亮丝混纺的面料

亮丝原料是尼龙长丝,但又区别于一般的尼龙长丝。它是经过特殊工艺处理后的材料,外形与真丝很相似,既有光泽(甚至优于天然丝)又吸汗,并在汗水蒸发后带来凉快的感觉;稍有自然的弹性,与人体活动相适应;耐洗涤,保持永久的鲜艳色彩和良好的外形。亮丝的细微结构使织物具有挺括性,不易起皱,其许多优良特性是一般尼龙面料所不具备的。

(二)按照面料类型来分

经典风格西装使用精纺面料居多,但也有少量的粗纺面料(图 2-1-11 至图 2-1-16)。通常经典风格西装面料使用精纺毛纱,以平纹、斜纹或缎纹(有时也用提花等组织)织造的毛织物,包括精纺呢、斜纹呢、线呢、条纹呢等,其种类数不胜数。这些面料大致可分为两种:一种是去除表面毛羽而显露底纹的织物;另一种是在后整理时经过缩绒起毛而不露底纹的织物。显露底纹的是精纺毛织物的代表,大部分由美利奴羊毛织制而成。经典风格西装使用的主要面料产品有如下几类。

1. 哔叽

哔叽是斜向显露底纹的面料产品。一般采用精梳毛纱,二上二下正则斜纹组织,斜纹角度为 45°,也可以使用不同种类的纱线。

2. 华达呢

华达呢采用斜纹组织,斜纹纹路较细,但角度较大,经纱为双股加捻精梳毛纱,纬纱原来多为棉纱,

图 2-1-11 哔叽　　　　　　　　　　　　　图 2-1-12 华达呢

后来改用纯毛纱，它与哔叽一样是最普遍的织物，如经防水处理后称为克莱文特防水毛织物，是一种结实的面料。

3. 麦尔登

麦尔登采用美利奴羊毛的粗纺纱，一般为平纹或斜纹组织，经缩绒整理后手感柔软，薄麦尔登很像法兰绒，但质地更致密，适用于春秋西服面料，以苏格兰产为上品。

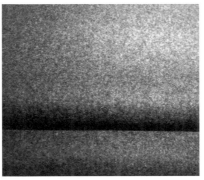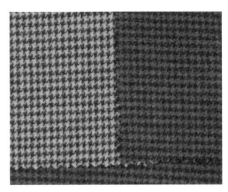

图 2-1-13 麦尔登   图 2-1-14 精纺呢

4. 薄型精纺呢

薄型精纺呢是一种经、纬均采用高支精纺加捻毛纱，克重在 $170 \sim 260\,g/m^2$ 的夏令精纺织物，多为用捻度较强的双股纱织成的平纹织物。

5. 马海毛面料

马海毛面料选用安哥拉山羊毛，其光泽好，细长如丝并具有良好的强度。它多为平纹织物，世界各地都习惯将其用于男士西装，已成为夏季西装面料的代名词。

6. 贡呢

贡呢是精纺呢绒中品种花色最多、组织最丰富的产品。利用各种精梳的彩色纱线、花色捻线、嵌线做经纬纱，有光面和毛面之分。呢面光泽自然柔和，色泽丰富，鲜艳纯正，手感光滑丰厚，身骨活络有弹性。

图 2-1-15 马海毛织物   图 2-1-16 贡呢

（三）西装辅料

西装面料以外的其他材料都属于西装辅料，最常用的有衬料、里料、缝线、纽扣、拉链等。它们在西装构成中起到衬托、缝合、连结等辅助作用。辅料的质量要好，并能与西装的款式风格相协调。常用的辅料品种有如下几类。

1. 衬料

衬料又称衬布或衬头，是一种稍硬而又挺括的材料。它衬垫在西装面料下面，起到使面料平挺、圆顺、饱满的作用。衬料是西装成品的骨骼。经典风格西装常用的衬料有麻衬、马尾衬、黑炭衬、树脂衬和粘合衬等（图 2-1-17 至图 2-1-24）。

（1）麻衬：有两种，一种是麻布衬，另一种是麻布上胶衬。麻衬有较好的硬挺度与弹性，是高档服装用衬。麻布衬属于平纹麻织物，具有比较好的弹性。麻布上胶衬属于麻／棉混纺平纹衬布，与纯麻衬布相比，其硬挺度适中，富有弹性及韧性，但缩水率在 6% 左右，故应在服装加工使用前要进行缩水处理，否则影响成形效果。

（2）马尾衬：用棉线或棉混纺纱线为经纱，马尾鬃（马尾鬃的弹性很好）为纬纱，用手工织成。因受马尾长度的限制，马尾衬幅宽很窄，产量也小。马尾衬属高档服装用衬。

（3）黑炭衬：以棉或棉混纺纱线为经纱，以毛（牦牛毛或山羊毛，有时还用人的头发）与棉或人造棉混纺的纱线为纬纱而织成的平纹布。一般黑炭衬的纬向弹性好，常用于高档服装的胸衬，起造型和补强作用。

（4）领底呢：又称底领绒，是高档西服的领底材料。该呢（衬）一般由 50% ～ 100% 的羊毛和黏胶纤维组成，把纤维染色并针刺成呢后经化学定形整理而成。领底呢的刚度与弹性极佳，能使西服领子平挺，富有弹性而不变形。领底呢是作为领的底面用的，当领子竖起时领底呢会外露，因此它有不同颜色与不同厚度，以便与面料相协调配伍。

（5）树脂衬：以棉、化纤及混纺的机织物或针织物为底布，经过漂白或染色等整理，并经过树脂整理加工制成的衬布。这种衬硬挺度和弹性均好，但手感板硬，主要用于需要特殊隆起造型的部位。

（6）牵条衬：又称嵌条衬，是用于中高档毛料服装必要的配套用衬，主要用于止口、下摆、门襟、袖窿、驳头和接缝等部位，起牵制和补强的作用。

（7）腰衬：用锦纶或涤纶长丝或涤棉混纺纱线，按不同的腰高织成的带状腰衬。该衬带有较大的刚度与弹性，以保证裤腰不倒、不皱且富有弹性。

（8）热熔粘合衬：简称粘合衬，是将热熔胶涂于底布（基布）上制成的衬。使用时不需繁复地缝制加工，而只需在一定的温度、压力和时间条件下使粘合衬与面料（或里料）粘合，从而使服装挺括、美观而富于弹性。

在上述衬料中，热熔粘合衬是一种新兴的西装衬料，具有软、薄、轻、挺等多种特点，有着非常广阔的应用前景。

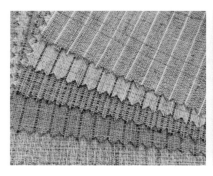
图 2-1-17 麻衬

图 2-1-18 马尾衬

图 2-1-19 黑炭衬

图 2-1-20 领底呢

图 2-1-21 树脂衬

图 2-1-22 牵条衬

图 2-1-23 腰衬

图 2-1-24 无纺布热粘合衬

图 2-1-25 宾霸里料

2. 里料

里料俗称夹里，用于西装、大衣、夹克以及各类有填充材料的冬衣。夹里的材料要求轻盈、柔软、光滑。经典风格西装常用的夹里材料有纯化纤织物、化纤交织物。纯化纤织物里料结实耐磨、光滑挺括。人造丝交织的绸缎类里料光滑柔软，舒适坚牢，耐磨。人造丝的纺类里料绸缎面光滑，手感柔软滑爽，色泽柔和，不贴身。

在化纤织物里料中，由日本 ASAHI KASEI 公司研制生产的宾霸纱织成的里料，因宾霸纱是以棉花中的棉籽绒为原料，采用先进的技术精纺而成的酮氨丝，所以其属纯天然环保里料。目前，诸多知名品牌服装公司所生产的高档服装都选用宾霸里料（图 2-1-25）。

3. 缝纫线

缝纫线是西装构成不可缺少的连接材料（图 2-1-26），按照所缝衣料的厚薄不同，有多种细度规格。用于经典风格西装的缝纫线有涤纶线、锦纶线、丝线等。

图 2-1-26 缝纫线

图 2-1-27 牛角扣

图 2-1-28 贝壳扣

图 2-1-29 树脂四眼扣

图 2-1-30 金属扣

图 2-1-31 塑料四眼扣

图 2-1-32 裤钩

4. 纽扣

纽扣钉缝在西装开襟部位，连接左右开襟衣片。它除了在开襟部位起扣合连接作用外，还起着画龙点睛的装饰作用。好的纽扣都是用天然材质制作的，比如牛角扣和贝壳扣（图 2-1-27、图 2-1-28），牛角扣有质感，贝壳扣有光泽。大部分高档正装西服采用这两种材质的纽扣。此外还有一些合成的高强度的纽扣，颜色纹理丰富多样，有一定光泽，如树脂扣、金属扣、塑料扣等（图 2-1-29 至图 2-1-31）。

西装裤会使用裤钩（图 2-1-32）。西裤钩比纽扣结实，不容易松脱。

5. 拉链

拉链是连接在两衣片或衣缝开口部位上作开闭之用的辅料之一，在经典风格西装中主要用在裤装上。拉链有标准拉链、拉开式拉链等。按材质分它主要有尼龙拉链和金属拉链（图 2-1-33）。

在西装上应用的辅料，除以上介绍的种类外，还有腰夹、抽带、嵌线、领钩、垫肩、裤袢、尼龙搭扣和各种钩、环等附件。

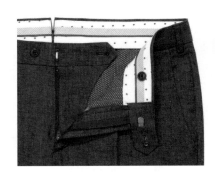

图 2-1-33 西装裤尼龙、金属拉链

三、经典风格西装实例材料分析

图 2-1-34 为经典风格西装，其使用的服装材料见表 2-1-1。

图 2-1-34 西装实例

表 2-1-1 西装实例材料分析

面料	衬料	里料	其他辅料
精纺全羊毛或毛混纺呢绒，可选华达呢、哔叽、贡呢。	可选麻衬、黑炭衬、马尾衬，搭配嵌条衬和腰衬。	可选人造丝纺类绸缎、宾霸里料。	西装上衣垫肩、牛角或树脂四眼扣、西裤裤钩、尼龙拉链、搭配真丝装饰巾。

第二节 经典风格礼服材料分析

西装礼服可分为正式和半正式礼服两大类。正式礼服又可分为晨礼服和晚礼服两种。前者是白天的正式服装，后者即平常所说的燕尾服，是夜间穿的正式服装。半正式礼服则可分为晚会服、白天服、黑色套装和吊丧服四种。

一、经典风格礼服的种类及特点

具代表性的经典风格礼服可有以下几类。

1. 燕尾服

前短摆，六粒不系装饰扣，戗驳领或青果领（质地为与面料同色缎面布料），后身长从侧身至腿后膝弯处，后中开衩至腰围线。搭配三或四粒扣的方领或青果领白色礼服背心，下身为与礼服同面料的两侧夹缎面条纹的非翻裤脚边裤；内衣为白色双翼领，加U形硬胸衬的礼服衬衫，配白色领结、手套、饰巾、黑袜和漆皮皮鞋。它适合晚间特定典礼、婚礼、大型古典音乐会、颁奖典礼等场合（图2-2-1）。

2. 晨礼服

前身腰部一粒扣搭门至后身膝弯处，呈大圆摆，后身同燕尾服，戗驳领。搭配灰黑色条纹相间或与礼服面料相同的翻裤脚边裤；灰色麻面料双排六粒扣加领礼服背心，或与外衣同色的一般形式的背心；白色双翼领或普通礼服衬衫；饰黑灰条纹或银灰色领带，或阿斯克领巾（ascot）；白色或灰色手套；白色饰巾；黑色袜子和皮鞋。它适合就职典礼、授勋仪式、日间大型古典音乐会的场合（图2-2-2）。

3. 塔士多礼服

塔士多礼服在夏季为白色，除此之外大都为黑色或深蓝色，款式类似去掉燕尾服的燕尾而形成的短上衣。塔士多礼服形制类似普通西装，前门襟一粒扣，圆摆，领型与燕尾服相同且质地为与面料同色的绸缎面料。搭配与外衣同料的礼服背心，也经常用由黑色丝织物制成的卡玛带（cummerbund）代替背心；裤子搭配同燕尾服；衬衫为白色双翼领、胸前带褶皱的礼服衬衣；一般配黑领结。它适用于参加晚间18点以后的正式宴会、舞会、戏剧、授奖仪式、鸡尾酒会的正式服装（图2-2-3）。

图2-2-1 燕尾服（采用精纺全羊毛或精纺毛丝混纺面料）

图2-2-2 晨礼服（采用精纺全羊毛面料）

图2-2-3 塔士多礼服（采用精纺全羊毛或精纺毛丝混纺面料）

4.董事套装

董事套装出现于 20 世纪初，源于晨礼服。它的款式简单地讲就是晨礼服去掉了尾巴。董事套装最经典准确的搭配是：黑色单排扣戗驳领上衣、灰色条纹裤、银灰色或香槟色马甲（图 2-2-4）。

图 2-2-5 礼服实例

图 2-2-4 董事套装（采用精纺全羊毛面料）

二、经典风格礼服的常用材料

经典风格礼服常用的面料，以精致高档的全毛面料为主，部分选用羊毛与丝混纺，羊毛与羊绒混纺，与经典风格西装常用材料相似。礼服辅料的选用参照经典风格西装辅料，这里不再赘述。

三、经典风格礼服实例材料分析

图 2-2-5 为经典礼服塔士多，其使用的服装材料见表 2-2-1。

表 2-2-1 礼服实例材料分析

面料	衬料	里料	其他辅料
精纺全羊毛或毛丝混纺面料，可选华达呢、哔叽、精纺呢，领子选用同色绸缎面料。	可选麻衬、黑炭衬、马尾衬，嵌条衬。	可选人造丝纺类绸缎、宾霸里料。	垫肩，可选牛角或树脂四眼扣、丝绒扣，尼龙拉链。

第三节 经典风格衬衫材料分析

男衬衫按照穿着场合可分为正规衬衫和便服衬衫两大类。经典风格衬衫多指正规衬衫，是指既可以在正式社交场合穿着，也能在办公室、上班等半正式场合穿着的衬衫，正统的穿着一般应系领带或打领结，可显示严肃、稳重的气质。经典风格衬衫一般搭配西装、背心、毛衣或大衣穿着。

一、经典风格衬衫的种类及特点

男士经典风格衬衫按照领型可分为以下几类。

1.尖角领衬衫

最主流的衬衫，简单的棱角体现出男士的硬朗，中规中矩的小尖角蕴含着时尚（图 2-3-1）。

2.温莎领衬衫

别名敞角领、法式领，领子的左右领角在120°与180°之间。温莎领十分精致，体现着高贵和浪漫的风格，其穿着十分讲究，选购时要求非常合身（图2-3-2）。

3.纽扣领衬衫

它是在传统衬衫上多个扣子，分暗扣和明扣两种，多为尖角衬衫（图2-3-3）。

4.异色领衬衫

它也称为撞色领衬衫，就是在纯色、条纹、格子等统一色系衬衫的领口（有时也会在袖口）处的面料采用与衬衫主体色不同的颜色，常见的多为白色领口或黑色领口，也有特殊的颜色和花纹，具体根据款式和设计师的风格而定（图2-3-4）。

5.伊顿领衬衫

伊顿领起源于英国19世纪伊顿公学。随着时尚的变迁，越来越多的成熟男士选用这款圆领衬衫配合西装使用。在正式着装中它往往能使领口处起到一个亮点的作用（图2-3-5）。

图2-3-1 尖角领衬衫　　　　图2-3-2 温莎领衬衫　　　　图2-3-3 纽扣领衬衫

图2-3-4 异色领衬衫　　　　图2-3-5 伊顿领衬衫

二、经典风格衬衫的常用材料

（一）传统的衬衫面料

1.纯棉面料

高品质的衬衫中不乏纯棉面料，尤其以埃及长绒棉的品质为更佳。纯棉面料的衬衫穿着舒适、柔软、吸汗，但易皱、易变形，易染色或者变色（图2-3-6）。

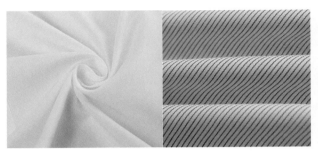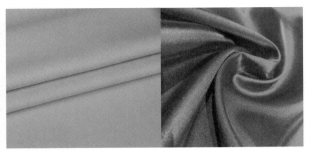

图 2-3-6 纯棉面料　　　　　　　　　　　　　　　图 2-3-7 纯化纤面料

2. 纯化纤面料

它是利用高分子化合物为原料制作而成的面料，包括涤纶、锦纶、腈纶、维纶、氨纶等面料（图2-3-7）。化纤面料的优点是强度高，耐磨，悬垂挺括，色彩鲜艳；缺点则是吸湿性、透气性较差，遇热容易变形，容易产生静电。就衬衫而言，纯化纤面料意味着廉价和低档。但因某些化纤面料具备一些独特的特性，如高弹力、高透气防水性、高光泽度、高耐磨度等，所以纯化纤面料可用于特殊用途的衬衫。

3. 混纺面料

它通常是棉和化纤按照一定比例混合织造而成，常见的是与涤纶、锦纶等混纺（图2-3-8）。这种面料保留了棉和化纤各自的优点，弥补了各自的缺点。普通衬衫大部分都采用这种面料，其质感不如纯棉柔软舒适，但不易变形，不易皱，不易染色或变色。按照棉和化纤的比例不同，面料特点会相应地向纯棉或者化纤偏移。混纺面料广泛适用于中低档衬衫，有些混纺面料具备一定的功能性，如相对较高的弹性等，也被应用于专门用途的高级衬衫。

4. 麻面料

麻是衬衫加工中最好的原料之一，穿着舒适、柔软、吸汗，易染色。麻天然的透气性、吸湿性和清爽性，使其成为自由呼吸的纺织品，常温下能使人体体感温度下降4～8℃，被称为"天然空调"。但是，麻有着易皱的缺陷，穿上后很容易起皱。因此，麻面料适合用于休闲型的衬衫品种，而很少适用于经典风格的衬衫（图2-3-9）。

图 2-3-8 混纺面料　　　　　　　　　　　　　　　图 2-3-9 麻面料

5. 羊毛面料

由纯羊毛精纺而来的面料具有保暖、厚实、视觉效果好的优点，但是易皱、易变形、易虫蛀、易缩水。一般只有在冬季考虑保暖因素的时候才会建议购买羊毛衬衫，并且羊毛面料的护理比麻和纯棉更加麻烦。

6. 真丝面料

真丝主要有桑蚕丝和柞蚕丝两种，其中桑蚕丝的品质更好，是公认的最华贵的衬衫加工面料，具有美丽的光泽、柔软的手感、良好的吸湿透气性。高克重的真丝面料一直都是顶级奢华衬衫的选择，传统而贵气的丝绒面料更体现了优雅高贵的绅士气质。真丝面料由于打理保养比较繁琐，所以更加体现了其"贵族"特性（图2-3-10）。

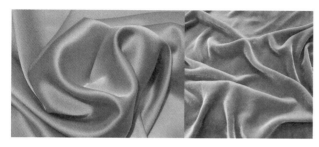

图 2-3-10 真丝面料　　　　　　　　　　　　　　图 2-3-11 全棉免烫面料

（二）新型的衬衫面料

1. 免烫面料

全棉免熨技术属于21世纪的高新技术，主要有树脂整理和液氨整理两种工艺实现过程。在树脂整理时还配有各种辅助剂，用来改善织物手感与舒适性。液氨整理能最大限度发挥棉织物固有性能，不影响棉织物柔软性、吸水性、吸湿性，同时又实现卓越免烫性。因此，全棉免烫衬衫是国内外流行的一种高档衬衫，衬衫平整、耐洗而不皱，提高了衬衫的档次与附加值（图2-3-11）。

2. 防污防水特种面料

通过各种化学处理，如抗静电处理、亲水性处理、低表面处理以及利用纳米技术等，使面料具有防污垢或者防水的功能（图2-3-12）。

3. 保健型面料

近年来随着消费者愈来愈追求舒适、卫生，并关注环保问题，一些国家着重开发了抗微生物、防霉菌、防虫螨和防紫外线等保健型面料，普遍使用的技术是微胶囊技术。衣料纤维中的微胶囊和皮肤接触时，就会释放出香气、防虫剂和防菌剂等成分，发挥其卫生保健功能。

4. 金属棉

金属棉是一种新型的保暖材料，它迎合了冬季服装向轻、柔、薄、暖发展的趋势，冬季里穿上一件金属棉衬衫，外加一件西服，显得格外潇洒。所谓金属棉，是非织造布的一个新产品，是在化纤絮片（图2-3-13）表面加上一层衬衫面料，起到保暖隔热作用。它是一种超轻、超薄、高效保温材料，在防寒、保温、抗热等性能方面远远超过传统的棉、毛、羽绒、裘皮、丝绵等材料，透气性、舒适性也较优。

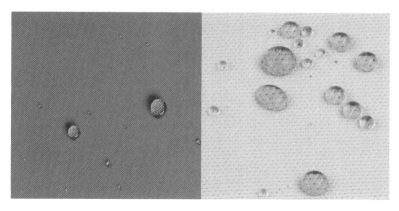

图 2-3-12 防水防污面料　　　　　　　　　　　　图 2-3-13 金属棉中的化纤絮片

5. 远红外保暖衬衫

保暖衬衫面料是由麻纤维、远红外保暖纤维、羊毛纤维三种精纺而成。在常温下，面料中的远红外纤维通过吸收人体周围环境散发的热量，辐射人体最需要的红外线光波，渗入皮下组织而产生热效应，与此同时，它伴随着面料中的麻纤维的吸湿性能，来激发人体皮肤水分子的活性，促进人体的微循环和血液循环，进而产生热量。此外，运用麻纤维的吸湿透气性可以避免织物产生静电。

（三）衬衫辅料

最常用的衬衫辅料包括纽扣、衬、领尖撑、缝纫线。高品质的衬衫一定配置好的辅料。

1. 纽扣

纽扣从颜色、厚度等各方面都要与衬衫的总体风格相匹配。高档衬衫使用贝壳扣（图2-3-14）。贝壳扣天然、无污染、色彩好，体现了大气而内敛的风格，所以价格不菲。一般的男式衬衫采用的是仿贝壳扣，虽然它是用塑料做的，但通过人工做成比较接近贝壳的纹路和色泽。

2. 衬

衬直接决定了衬衫最重要的领和袖的品质，进而决定了衬衫的好坏。衬对整个衬衫款式起到衬托和美化的作用，既可以防止衬衫变形，又可以简化缝制工序。衬粘合在两层面料内部，所以从外面是看不到衬的。另外，衬衫的挂边门襟也会用到衬。好的衬耐磨、不易变形，即使多次洗涤后，也不会褶皱变形。用在衬衫里面的主要是粘合衬（图2-3-15），一面有胶粉，经过高温压烫后，使衬衫领子和袖子更加挺括饱满。一般对衬衫粘合衬的水洗性能要求较高。

3. 领尖撑

正式的衬衫要求领子坚挺，需要额外的辅助配件——领尖撑（图2-3-16）。领尖撑的材质多用塑料、竹片，也有部分高档衬衫采用金属材质。正式的领尖撑应可拆卸，内置的固定塑料不属于正式的领尖撑范畴。方便拆卸的领尖撑也是为了保护高档衬衫面料，防止内置领尖撑在洗涤过程中造成其损伤。

图2-3-14 贝壳扣

图2-3-15 衬衫粘合衬

图2-3-16 衬衫领尖撑

图2-3-17 衬衫实例

4. 缝纫线

衬衫的缝纫线要充分考虑缝制的牢固度与可缝性，依据衬衫面料的材质选用缝纫线，常用的有棉、涤纶、锦纶、涤棉混纺、棉包涤等缝纫线。

三、经典风格衬衫实例材料分析

图2-3-17为经典风格衬衫，其使用的服装材料见表2-3-1。

表2-3-1 衬衫实例材料分析

面料	衬料	其他辅料
高支棉免烫面料或涤棉混纺面料。	领、袖部位使用棉粘合衬。	贝壳扣或塑料仿贝壳扣，塑料领尖撑，涤棉混纺缝纫线。

第四节 经典风格大衣材料分析

男士经典风格大衣的外形大方、实用、造型挺括，不但保温，而且更是绅士风度和潇洒外观的展现。其在款式设计上通常后背有背缝，下中开衩，斜插袋或平贴袋，里料高档，带有软衬。

一、经典风格大衣的种类及特点

男士经典风格大衣可分为以下几类。

1. 切斯菲尔德大衣

起源于19世纪早期的切斯菲尔德伯爵，其特点是剪裁以修身为主，双排扣、单排扣都有，鱼嘴领。切斯菲尔德大衣是男装长款正装大衣，是非常经典的长大衣款式（图2-4-1）。

图2-4-1 切斯菲尔德　图2-4-2 厚呢短大衣（厚花呢）　图2-4-3 牛角扣大衣（厚　图2-4-4 马球大衣（法兰绒）
大衣（华达呢）　　　　　　　　　　　　　　　　　　花呢）

2. 厚呢短大衣

厚呢短大衣原是欧洲的水手服，后来服役于美国海军。其特点是长度短，刚好盖住屁股或者在其之上，翻领，双排扣，金属或塑料纽扣。由于衣长比较短而利于活动，款式既可休闲又可搭配商务装，其成为深受喜爱的短大衣款式，适合各个年龄段的男士（图2-4-2）。

3. 牛角扣大衣

它是一款由厚粗呢面料制成的连帽大衣，诞生于比利时。其特点是显眼的牛角扣或编织式纽扣，宽大的防风帽以及大衣口袋，这种款式大衣宜选择宽松款。这款大衣是最保暖最耐穿的经典时尚单品，百搭而不过时（图2-4-3）。

4. 马球大衣

它最初是英国马球球员所穿外套，特点是双排扣，两边有较大的口袋，袖子长度较长。最初由驼毛制作而成，后来改用驼毛、羊毛混合织物，用以提高耐用性（图2-4-4）。

二、经典风格大衣的常用材料

与典型的西装面料相似，华达呢、哔叽仍是经典风格大衣常用的面料种类。除此之外，还有各种花呢、板司呢、丝锦类等面料。

（一）大衣面料

1. 花呢

花呢是精纺呢绒中品种花色最多、组织最丰富的产品。利用各种精梳的彩色纱线、花色捻线、嵌线做经纬纱，并运用平纹、斜纹等多种组织的变化和组合，能使呢面呈现各种条、格、小提花及隐条效应。如按其重量可分薄型、中厚型、厚型花呢三种（图2-4-5）。

（1）薄型花呢

织物克重一般在280g/㎡以下，常用平纹组织织造。其手感滑糯又轻薄，弹性好，有身骨，花型美观大方，颜色鲜艳而不俗，气质高雅。

（2）中厚花呢

织物克重一般在285～434g/㎡，有光面和毛面之分。其呢面光泽自然柔和，色泽丰富，鲜艳纯正，手感光滑丰厚，身骨活络、有弹性。

（3）厚花呢

织物克重一般在434g/㎡以上，有素色、混色厚花呢等种类。其质地结实丰厚，有身骨，弹性好，呢面清晰。

图2-4-5 各种花呢面料

2. 驼丝锦

驼丝锦为细洁而紧密的中厚型素色毛织物，是精纺高档毛织物的传统品种之一（图2-4-6）。它以缎纹变化组织织制，表面呈不连续的条状斜纹，斜纹间凹处狭细，背面似平纹。呢面平整，织纹细致，光泽滋润，手感柔滑、紧密，弹性好。色泽以黑色为主，也有深藏青色、白色、紫红色等。

图2-4-6 驼丝锦（左为缎纹面，右为平纹面）　　　　　图2-4-7 板司呢

3. 板司呢

板司呢是精纺毛织物中最具立体效果的职业装面料。以方平组织织制的精纺毛织物，色纱作一深一浅排列，对比明显，表面形成小格或细格状花纹（图2-4-7）。其呢面光洁平整，织纹清晰，手感丰厚、滑糯，有弹性，悬垂性好。

此外，大衣用的精纺毛织品还包括啥味呢、马裤呢、麦尔登、法兰绒、大衣呢等（图2-4-8至图2-4-12）。不论选用何种面料，都要注意面料的花型以及倒顺毛要顺向一致，对于条格面料的大衣而言，还要注意在服装主要部位应对称、对齐。

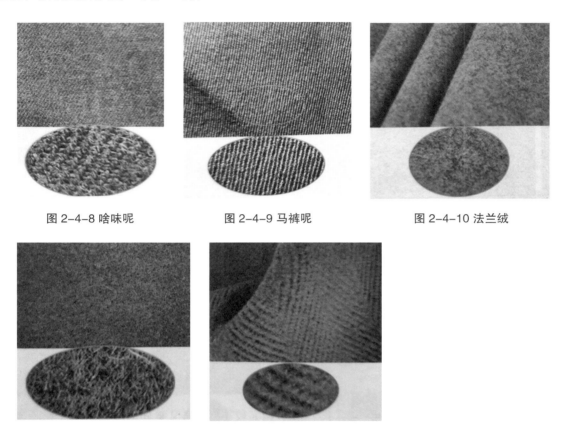

图2-4-8 啥味呢　　　　　　　　图2-4-9 马裤呢　　　　　　　　图2-4-10 法兰绒

图2-4-11 顺毛大衣呢　　　　　　图2-4-12 烤花大衣呢

（二）大衣辅料

经典风格大衣所选用的里料与经典风格西装相似，主要是纯化纤织物、化纤交织物。里料的结构应紧密，如果面料、里料的结构较疏松的话，就会使大衣接缝部位的强度达不到规定标准要求而引起织物纰裂。对于大衣而言，其彰显的是整体感，里面的里料不能与外面的颜色有较大差别，相近或同色系即可。大衣上有粘合衬的表面部位如领子、驳头、袋盖、门襟处应无脱胶和起泡等现象。纽扣应缝牢固。西装中使用的牛角扣、贝壳扣、树脂扣、金属扣、塑料扣等都适用于大衣。此外，形状似牛角（图2-4-13）或编织式的纽扣在大衣中也经常使用。缝制大衣所使用的缝纫线要求强度高，因为大衣常采用厚呢类面料。

图2-4-13 牛角型扣子

三、经典风格大衣实例材料分析

图 2-4-14 为经典风格大衣，其使用的服装材料见表 2-4-1。

表 2-4-1 大衣实例材料分析

面料	里料	衬料	其他辅料
全羊毛或毛混纺厚花呢或法兰绒面料。	人造丝纺类绸缎、宾霸里料，与面料颜色相近。	领子、驳头、袋盖、门襟使用麻衬、黑炭衬或马尾衬。	垫肩，牛角材质扣或树脂扣，涤纶或锦纶缝纫线。

图 2-4-14 大衣实例

第五节 经典风格西装马夹材料分析

马夹的起源要追溯到 16 世纪，由前往英国访问的伊朗宫廷使者带入欧洲。1666 年，英国国王查理二世正式将马夹确定为皇室服装之一，并由此掀起了第一场穿着马夹的盛行之风。那时候的马夹式样与现在有很大的不同：衣摆两侧有开口，无领、无袖，衣身长度差不多到膝盖，多采用绸缎丝绒面料，并装饰有彩绣花边，穿于外套与衬衫之间。

1780 年以后马夹的衣身缩短，多为单排扣，与西装配套穿着，前衣片采用与西装同面料，后衣片则采用与西装同里料，有的在背后腰部还装上袢、卡子，以调节松紧。

一、经典风格西装马夹的种类及特点

最初使用马夹是为了保暖的考虑，在上衣所有类型中马夹的松量最小就证明了这一点。当它成为男装不可缺少的组成部分时，保暖倒变成了次要作用。得体地在套装中使用马夹，可以给男士们的成功角色加分。马夹总是跟考究、高贵、传统等与绅士气质相关的词联系在一起。

马夹按照穿着的时间可分为：

日装马夹——搭配休闲西装的马夹，多是单排扣，通常有 4～6 个纽扣；如果搭配礼服，一般就会选择与外套不同颜色的马夹，如浅黄色，这种搭配方式至今仍然出现在晨礼服的搭配中（图 2-5-1）。

晚装马夹——与晚装搭配的马夹，其领口比日装马夹的低很多，大多呈 U 或深 V 字领，能更加充分地展示衬衫的前襟，且马夹的颜色一般与领结相匹配（图 2-5-2）。

图 2-5-1 日装马夹（精纺全羊毛或毛混纺面料）　　图 2-5-2 晚装马夹（绸缎面料）

二、经典风格西装马夹的常用材料

（一）马夹面料

一般它与西装面料相同，此外还较多采用丝绒和绸缎（图2-5-3、图2-5-4）。

1. 丝绒

丝绒的经、纬纱都采用不加捻的生丝，以平纹组织为地，绒面为有光人造丝，绒经以W形固结，并以一定浮长浮于织物表面，织成的坯绒似普通经面缎纹织物。把织物表面的经浮线割断，使每一根绒经呈断续状的卧线，然后经过精练、染色、刷绒等加工，形成丝绒产品。

2. 绸缎

绸缎泛指丝织物，按照纤维原料可分为以下几类：

（1）真丝绸：以真丝为原料生产的绸缎，是用蚕丝加工成绸缎的统称。

（2）人造丝绸：以人造丝为原料生产的绸缎。

（3）合纤绸：以合成纤维为原料生产的绸缎。

（4）交织绸：以两种不同原料交织成的绸缎。

图2-5-3 丝绒　　　　　　　　　　　图2-5-4 绸缎

马夹后背的用料，既可以选择与前身同样的布料，也可以选用与西装里料相同材质的布料。当在正式场合时，大多都是三件套一起被穿着，这时候马夹的后背用里料更合适，因为马夹的后背长期和西装里料接触摩擦，同为里料的材质可以减少摩擦，阻止产生静电，增加舒适度和透气性。此外，里料的光泽和质感接近于丝绸感觉，在视觉上更加容易吸引人的目光，其良好的光泽有助于提升档次。这也是西装区别于传统休闲服装的所在。

（二）马夹辅料

经典风格西装马夹的里料、衬料、纽扣及缝纫线的选用与西装相似。有时在马夹背后腰部还装上了袢、卡子，以调节松紧（图2-5-5）。

三、经典风格西装马夹实例材料分析

图2-5-6为经典风格西装马夹，其使用的服装材料见表2-5-1。

图2-5-5 西装马
夹及背部的袢

图2-5-6 西装马夹实例

表 2-5-1 西装马夹实例材料分析

面料	里料	衬料	其他辅料
精纺全羊毛或毛混纺呢绒，可选华达呢、哔叽、贡呢。	可选人造丝纺类绸缎、宾霸里料。	袋盖、门襟可使用麻衬、黑炭衬、马尾衬、热粘合衬。	牛角材质扣、树脂扣或塑料扣，马夹衬，涤纶或锦纶缝纫线。

第六节 经典风格西裤材料分析

在 18 世纪末、19 世纪初的时候，西裤最原始的作用是挡风防尘，是绅士在骑马外出时穿在正装半截裤外面起保护作用的服装，功能和风衣一样，登不上大雅之堂。直到 1817 年，西裤才作为正装被人们广泛接受。

一、经典风格西裤的种类及特点

西裤的板型整体类似于直筒裤，不过胯围、臀围、大腿围度都比直筒裤的要宽一些，原本是让人穿着更舒服。还有一个值得注意的地方就是西裤的"褶"，裤褶的位置紧贴裤腰带的下方。西裤按裤褶的数量可分为无褶、单褶和双褶西裤三种，现在流行的都是无褶和单褶西裤。欧板西裤裤型修长、紧致，裆位很高，裤腰之下是裤管，从臀部开始向下的裤管的直径逐渐地收窄，略呈现出一个锥形，且西裤裤管比直筒裤的稍宽大，这样能更好地掩盖住穿着者腿部的各种不完美的特征。西裤的最下端是裤脚边，裤脚边有翻边和不翻边两种类型（图 2-6-1、图 2-6-2）。

图 2-6-1 翻裤脚边西裤（全羊毛或毛混纺面料）　　图 2-6-2 不翻裤脚边西裤（全羊毛或毛混纺面料）

二、经典风格西裤的常用材料

（一）西裤面料

西裤与西装上衣不同，穿西装要"挺"，所以西装上衣里面加了很多衬料，但穿西裤要"柔"，所以西裤的里料相当少。西裤的品质更是由面料来决定，面料上乘才能穿出柔和的感觉。这样刚柔并济的西装套装才是优质的。

通常只有天然纤维的面料才会有柔软舒适的感觉，像桑蚕丝、羊绒或者高级羊毛织出来的面料就特别柔顺。但蚕丝和羊绒都属于极易磨损的高档面料，用来做裤子太奢侈，所以西裤主要的天然材质是相对耐磨一些的羊毛。为了使西裤抗摩擦能力更强，往往会在羊毛面料里添加涤纶、锦纶等化纤成分。所以现在西裤的主流面料成分就是全羊毛面料和羊毛/涤纶或锦纶混纺面料。按照西装之乡英国的观念来衡量的话，西裤还是应该选择全毛料，不与化纤面料为伍，这是由身份、地位、品位所决定的。平时可以穿着混纺西裤，但是当出席正式场合时，还是应该穿上全毛料的西装（图2-6-3）。

（二）西裤辅料

经典西裤的辅料，除了袋口袋牙衬布、腰衬、裤钩、拉链、裤扣外，还包括以下方面。

1. 里衬

西裤也有里衬，膝盖处容易"鼓包"是大部分人的烦恼，一条好的定制西裤，里料会一直延伸到膝盖下方，以保持裤型的直挺，有时也称为"膝盖绸"（图2-6-4）。

2. 裤袢

裤袢是定制的最佳标志。拥有合身的西裤意味着皮带再无用武之地。在腰间两侧加上裤袢进行细微调节，穿着轻便舒适（图2-6-5）。

图 2-6-3 全羊毛西裤面料

图 2-6-4 西裤里衬到膝盖下方　　图 2-6-5 西裤的裤袢可调节

3. 裤开口

西裤开口的三段式设计等于加了三重保险：拉链＋金属裤钩＋纽扣（图2-6-6），其最大程度避免了裤口松开的尴尬。定制西裤的更复古的做法是裤门襟拉链部分用扣子代替（图2-6-7），虽然解扣子比较费事，但追求"慢绅士生活"的玩家偏爱这种复古的设计。

4. 裤腰防滑条

一条好的西裤，其裤腰一定会配备防滑条或防滑贴（图2-6-8），让衬衫伏贴地留在裤腰里而不跑出来，这在社交场合尤其重要。

5. 裆部防磨垫

裆部是多片面料的交汇处，穿起来难免会有摩擦。定制西裤在裆部添加了防磨垫（图2-6-9），可以有效减少裆部的摩擦，避免磨裆、撕裆现象发生。

图 2-6-6 西裤开口的三段　　图 2-6-7 拉链用纽扣代替
式设计

图 2-6-8 裤腰防滑贴　　　　图 2-6-9 裆部防磨垫　　　　图 2-6-10 裤脚防磨条

6. 裤脚防磨条

　　裤脚和袖口都是容易磨损的部位，因此定制西裤的裤脚内缝有防磨条（图 2-6-10），它既能保证西裤的使用寿命，又能增加裤脚的重量，让西裤更有垂坠感，显得更加利落有型。

图 2-6-11 经典西裤实例

三、经典风格西裤实例材料分析

　　图 2-6-11 为经典风格西裤，其使用的服装材料见表 2-6-1。

表 2-6-1 西裤实例材料分析

面料	里料	衬料	其他辅料
全羊毛面料、羊毛与涤纶或锦纶混纺面料。	可选人造丝纺类绸缎、宾霸里料。	袋口袋牙衬布、腰衬。	金属裤钩、树脂或塑料裤扣，金属拉链，涤纶或锦纶缝纫线。

第三章 运动风格男装材料分析

从事各种体育运动与活动时所穿着的服装称为运动服。运动服装在材料使用方面要考虑项目涉及的室内、室外情况，季节，项目性质，运动特点，竞技强度及实用功能和安全功能等因素。这类服装在款式上具备适合运动、休闲娱乐以及款式简洁大方等特点。

运动服装材料在选用上有一个显著特征——功能性化学纤维替代传统天然纤维并逐渐成为主流。这是因为尽管传统天然纤维面料（如棉、麻等）具有较好的吸湿性、保湿性、耐热性、安全卫生等优点，但用天然纤维面料做成的运动服装重量大，与身体摩擦大，缺乏足够柔韧性，在运动中会抑制运动员创造出好的成绩。而化纤面料手感佳、轻巧，极易保养，可机洗，晾干时间快，只需微烫或免烫，不易变形，具有显著的抗皱能力和卓越的拉伸回弹性，而且功能性的面料往往还具有优越的舒适性。

运动服装材料的另一个显著特点就是高科技的渗入。运动服、运动鞋和一些护具等运动装备在不断地发生变化，先进的技术被运用到其中。例如：举世闻名的"鲨鱼皮"泳衣，能够减少水流阻力的7%左右，并且包裹全身防止肌肉颤动，能量消耗可减少30%。全明星球衣比普通的球衣轻30%，运用 ForMotion 科技内部缝合，减少身体摩擦。高科技元素应用在运动服上，除了使服装具有轻质、阻力小、摩擦小等特点外，还可赋予服装各种智能特点，像具有类似"皮肤呼吸"的吸湿和排湿功能、吸汗除臭功能、保温功能、空调调温功能等。

运动服装从广义上可以分成两类。一类是健身或休闲类运动服装，这是人们日常进行体育锻炼时穿用的，具有运动服基本功能和外观特点，属于非专业化服装，适于旅游、购物、户外活动时穿用，较为随意舒适。另一类是专用的运动服装，即专门用于某项运动的服装，通常按运动项目的特定要求设计制作，有较高的科技含量，如骑马服、登山服、滑雪服、棒球服、足球服和猎装等。下面分别以不同种类的运动服为例，分析各种运动男装使用的材料。

第一节 运动套装材料分析

随着体育运动的蓬勃发展以及生活质量的提高，人们对健康的需求更为强烈和普遍，运动和休闲已是大多数人日常生活的重要组成部分。穿着舒适、性能良好的运动服装，可为运动健身活动带来极大的方便。

一、运动套装的特点

运动套装（图3-1-1）应使锻炼者免去对普通服装不适于进行体育活动的顾虑，进而可促进其对健身活动的全身心投入，运动套装以功能性、舒适性至上，应具备如下功能特点。

（1）吸湿排汗性能。服装湿度的控制直接影响到服装的舒适性，可以通过织物结构设计或纤维改性等方面，改变织物对水分的吸湿及放湿能力，同时更具有吸水性和快干性。

（2）伸弹性能。弹性面料在速度、耐力和力量等方面对提高运动能力发挥着很重要的作用，主要表现在服装的合体舒适性。美国杜邦公司 Lycra 品牌的氨纶纤维是弹性纤维中的主导。

图 3-1-1 运动套装（针织棉 / 涤混纺面料）

（3）温度控制性能。在温度控制织物领域中，最重要的是与相变材料（PCM）的结合应用，这种材料的物理状态可以根据温度的变化从固态转化为液态，同时在不同状态之间转变，材料即可储存、释放、吸收热量，可以防止运动时热量高峰的形成，因此它适应于短时间高强度运动时穿的服装和鞋袜。

（4）重量轻。负重愈小，身体承受的压力愈小，受伤的几率也越小。同时提升了穿着舒适感、灵活性及活动速度，有利于运动。

二、运动套装的常用材料

运动套装主要采用针织面料，因为它具有许多其他面料不具备的如下优点：

（1）伸缩性。针织面料是由纱线弯曲成圈相互串套而成，线圈上下、左右都有较大的伸缩余地，所以具有良好的弹性，穿着时合身随体，舒适方便，满足人体运动时伸展、弯曲等要求。

（2）柔软性。针织面料所用的原料通常是蓬松柔软、捻度较小的纱线，面料表面有一层微小的绒面，再加上由线圈组成的组织松弛多孔，穿着时减少了皮肤与面料表面之间的摩擦，给人舒适温柔之感。

（3）吸湿性和透气性。由于线圈相互串套，使面料内部形成无数隔离的空气袋，具有良好的保暖性和透气性。

（4）防皱性。当针织面料受到折皱外力时，线圈可以转移，以适应受力时的变形；当折皱力消失后，被转移的纱线又可以迅速恢复，保持原态。

当然，针织面料除了上述优点之外，还存在一些不足之处：

（1）易脱散性。当针织面料上的纱线断裂或线圈失去串套而造成线圈之间分离时，线圈会沿纵向脱散，会影响面料外观和强力。

（2）尺寸稳定性差。除了化纤针织产品以外，其他材料的针织品均有不同程度的收缩性。

（3）易勾丝和起毛、起球性。由于针织面料组织结构松散，在加工和使用过程中面料上的纤维易被尖硬物勾出形成丝环。同时，纤维常因被磨损而起毛。

运动套装常用的材料有如下几种。

1. 纯棉及棉混纺针织面料

棉制品柔软舒适，当做活动量大的运动时，棉会将运动者身上的汗水吸走，使身体保持舒适（图3-1-2）。经常将棉和化纤按照一定比例混合，常见的是与涤纶、锦纶等混纺，这样面料就保留了棉和化纤各自的优点，弥补了各自的缺点，柔软舒适，不易变形，不易皱，耐磨和强力好。

2. 棉盖丙导湿快干针织面料

棉盖丙面料分别由纯棉和丙纶材料两面组成，综合了棉纱和丙纶纱的优点，具有良好的从丙纶一面向纯棉一面的湿传递功能，进而实现导湿快干功能（图3-1-3）。

3. 绒类面料

绒类面料主要品种是纬编衬垫组织形成的起绒面料（图3-1-4），具有一定的保暖性，常用于秋冬

图3-1-2 纯棉针织面料

图3-1-3 棉盖丙针织面料

图3-1-4 针织抓绒面料

季运动套装。通常采用较粗的纱线作为衬垫纱线，经拉毛后形成绒面外观。它的优点就是重量轻，保暖性好，更具有透气、毛细排水和隔离绝缘等优异性能，能够很快将运动后的汗水排出体表，保证运动过程中身体干燥，从而达到有效的保暖。抓绒面料主要是以克重（每平方米面料的质量克数）来表示，一般有 150g/m²、200g/m²、300g/m²、500g/m² 等。克重越高，面料越厚，保暖性也越好。抓绒面料还可根据需要进行不同的处理，如单层抓绒、双层抓绒等，充分满足不同环境不同用途的需要。

4. 辅料

运动套装中搭配的辅料主要是拉链。YKK 拉链凭着良好的质量在中高档市场占据优势。运动服用的拉链可以是尼龙拉链、塑料拉链、树脂拉链（图 3-1-5），有单开尾和双开尾之分，并搭配不同的拉链头（图 3-1-6）。

图 3-1-5 尼龙、塑料、树脂拉链　　　图 3-1-6 拉链拉头

图 3-1-7 运动套装实例

三、运动套装实例材料分析

图 3-1-7 为运动套装，其使用的服装材料见表 3-1-1。

表 3-1-1 运动套装实例材料分析

面料	辅料
纯棉或涤棉、锦棉混纺针织面料。	YKK 树脂或塑料拉链。

第二节 骑马服材料分析

在经典的欧洲马术运动中，服装是很重要的一个元素。现代马术起源于英国，并于 16 世纪在整个欧洲流行。马术曾经只有贵族可以享受，多身着华丽考究的礼服参赛，而这一传统被沿袭至今，有"马术芭蕾"之称的花样骑术（盛装舞步）项目尤其如此。因为级别和地域的不同，不同的比赛对骑手着装的规范会有细微差别，但总体上，黑色阔檐礼帽、黑色或深蓝色礼服（花样骑术服或猎狐外套）、白色或奶油色裤装和高筒马靴总是必不可少。

一、骑马服的特点

（一）安全

马术运动的首要前提是安全性。头盔、马靴和防护背心是最重要的安全保障。在进行场地障碍骑乘、快速骑乘、越野骑乘时，头盔、防护背心等保护用具必不可少。同时，骑马时禁止配戴各种装饰品，如项链、耳坠和各种珠宝，以免被缠住而受伤。

1. 头盔

头部最容易受伤，首先保护头。现在规定每次骑马必须配戴三点固定式头盔（图3-2-1），休闲骑乘也可以考虑戴一顶有沿的软帽代替（图3-2-2）。

2. 手套

拉缰绳时很容易擦伤手部皮肤，多选择掌面耐磨度高、内层棉质的手套（图3-2-3、图3-2-4）。

3. 防护背心

马术运动存在坠马的危险性，防护背心可以保护腰背脊椎、肩、肋、胸和内脏等部位不受伤害，而且外表紧身、舒适、潇洒。防护背心的主要功能是减震和防撞击，填充物主要是泡沫，橡胶，也可以直接是气体。外层面料可以擦洗，以涤纶耐磨材料为主（图3-2-5）。

4. 靴鞋

最好是长筒马靴，或者是高腰皮鞋（橡筋鞋），关键需要有不高不矮的后跟，高跟鞋和平底鞋都不行。特别是鞋底要光滑连续直到后跟，不能钉掌（图3-2-6）。鞋（靴）头最好附有钢板，可以保护脚不被踏伤。

（二）耐磨

图 3-2-1 马术头盔　　图 3-2-2 有沿软帽　　图 3-2-3 马术手套　　图 3-2-4 马术手套硅胶面料

图 3-2-5 马术防护背心及外层面料（涤纶面料）　　图 3-2-6 马靴及皮革靴料

精湛的骑术是日复一日在马背上磨出来的，所以马术服饰作为功能服装的第一要素是耐磨。为马术特制的马靴、马裤、恰卜斯（Chaps，即马术护腿）、马术手套，凡所有与马匹或马具接触的部位，都作特别处理，避免摩擦可能带来的伤害。如果进行长时间的骑乘，耐磨防磨性能尤为重要。

（三）弹性

骑马服另一个要素是不妨碍运动，上衣肘部应活动自如，袖口紧口设计，马裤的胯部要求有弹性或宽松，骑马服上衣后片开衩及裤裆肥大便于骑马的动作。

（四）舒适

马术服饰的设计要合乎健康原则，夏季服装面料要利于吸汗、排汗，冬季则要保暖、防风、防水。马术服饰选择的材料不但要体现绅士风度，更要追求舒适。

二、骑马服的常用材料

优质的骑马服上装，常用羊毛混纺面料，其中需包含一定比例的弹性纤维材料，如美国杜邦公司的Lycra。而在马术运动中，因运动员坐在马背上完成竞技运动，所以对于马裤的要求就非常严格。

（一）宽松马裤

由于骑马时功能的需要，其裤裆及大腿部位非常宽松，而在膝下及裤腿处逐步收紧，形成一种特殊的轮廓外形（图3-2-7）。

马裤的材料可选天然纤维和化学纤维。纯棉面料不会产生静电，紧绷在身上时对皮肤的刺激小，具有吸汗、透气、穿着舒适等功能，但不

图 3-2-7 宽松马裤及其面料（全毛或毛混纺面料）　　　　图 3-2-8 马裤呢外观

如化纤面料耐用。化纤面料的秋冬季马裤，通常有内外两层，外层防风、防水，内层吸汗。有一种专门用于制作马裤的斜纹衣料，称"马裤呢"（图3-2-8），是用精梳毛纱织制的厚型斜纹毛织物，因坚牢耐磨，适用于缝制骑马装而得名。织物克重在340～380g/m²。采用变化急斜纹组织，经过光洁整理，织物表面呈现粗壮凸出的斜条纹，有的还在织物背面起毛，使手感丰满柔软。马裤呢呢面光洁，手感厚实，色泽以黑灰、深咖啡、暗绿等素色或混色为多，也有闪色、夹丝等。除了全毛马裤呢外，还有化纤混纺等品种，都仿效全毛的风格。

马裤对松紧带的要求也很高，要柔软、弹力均匀、厚薄适宜，非专业厂家定制不可。因此，凡定制的松紧带都有马裤生产厂家或品牌的图标字母。

专业厂家生产的裤袢是用裤袢机制作的，粗细及成型状态都是一致的。马裤的裤袢比平常穿的裤子要窄，骑马者选择的是窄薄的腰带。这是为了不影响骑马者在马背上的运动，同时降低不慎落马时产生的透不过气的感觉，或者受到伤痛时有助于大口地呼气吸气，以减轻疼痛。

（二）紧身马裤

英式马裤由弹性面料制成，膝盖内侧以及臀部后片会加上耐磨层。紧身的马裤有弹力，而且是四面弹（图3-2-9、图3-2-10）。四面弹面料通常利用氨纶弹力丝以赋予织物一定的弹性，它是经、纬双向弹力，

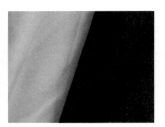

图 3-2-10 全涤四面弹面料

图 3-2-9 紧身马裤

图 3-2-11 全皮马裤（皮料为超细纤维材质）

图 3-2-12 半皮马裤（皮料为超细纤维材质）

一般弹力伸长率为 10% ～ 15%，织物中氨纶含量在 3% 左右。四面弹面料能适应人体的活动，随伸随缩，轻快舒适，也能保持服装的外形美，衣服的膝部、肘部等部位不至因穿着时间长而变形鼓起。

（三）皮马裤

"半皮"或"全皮"马裤（图 3-2-11、图 3-2-12）的"皮料"不是真皮材料，这种材料其实是超细纤维。超细纤维是一种非常牢固的皮革类的替代材料，具有不怕水、抗磨损等特性，但价格昂贵。有些马裤生产商使用二层牛皮即"翻毛皮"或用厚绒布材料代替，一经水洗会收缩变硬，厚绒布很容易就磨损了。

"半皮"马裤裤腿上的两块"皮料"（俗称补丁），是贴缝在面料之上的，是游离在马裤整体裁缝之外的，因此在使用过程中的牢固程度就成了问题。

（四）辅料

马裤中会使用拉链、纽扣、裤腿魔术贴（图 3-2-13）、松紧带等辅料。可选用金属、尼龙、树脂拉链，金属、树脂和塑料纽扣。

图 3-2-13 裤腿魔术贴

（五）Pikeur 马术服常用材料

Pikeur 埃普瑟姆马术服凭借半个世纪的经验和传统，以及对马术运动的热情，对质量和高性能的一贯追求，使 Pikeur 成为全世界马术服装的最著名品牌。

1. Pikeur 马术服

Pikeur 马术服是德国制造的优质马术服装，选用中等厚度的羊毛面料，含 55% 涤纶、42% 羊毛、3% 莱卡弹性材料。上衣带腰线，后背开衩。裤装是四面弹紧身马裤（图 3-2-14）。

2. Pikeur 半皮马裤

用 Pikeur 的 Prestige-Micro 2000 Plus 特殊织物制成。Prestige-Micro 2000 Plus 成分为 64% 棉、29% 尼龙和 7% 弹力材料，这种织物吸湿、透气、轻巧、高度耐用。前斜插口袋，后翻盖口袋。裤腿下端带魔术扣（图 3-2-15）。

3.Pikeur 全皮马裤

面料由 30% 棉、66% 尼龙和 4% 弹性纤维组成，可以保持马裤良好的悬垂性和裤形。这种男子马裤具

图 3-2-14 Pikeur 马术服

图 3-2-15 Pikeur 半皮马裤

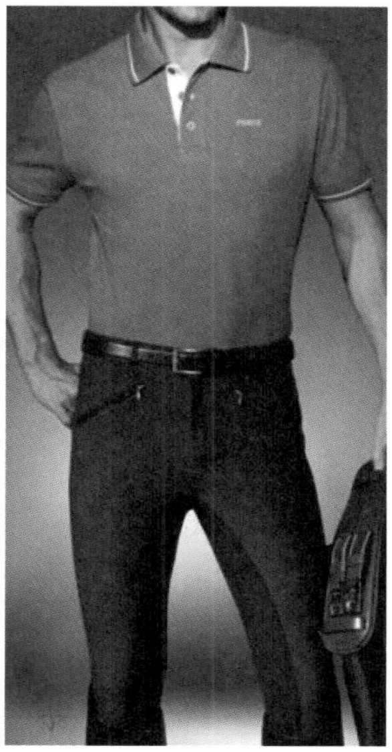

图 3-2-16 Pikeur 全皮马裤

有 McCrown 特殊皮料后臀位，拉链口袋（图 3-2-16）。

三、骑马服实例材料分析

图 3-2-17 为骑马服，其使用的服装材料见表 3-2-1。

表 3-2-1 骑马服实例材料分析

面料	辅料
上装外套为羊毛／锦纶／氨纶混纺面料，内搭棉／锦纶／氨纶混纺面料衬衫，紧身马裤为棉／涤纶／氨纶四面弹面料。	YKK 尼龙拉链、金属纽扣、裤脚魔术贴。

图 3-2-17 骑马服实例

第三节 登山服材料分析

登山是从低海拔地形向高海拔山峰进行攀登的一项具有挑战性的运动，通常是在特殊的环境中进行，对于服装的要求也更高。因此登山服装应满足人体运动的需要，达到人与服装、服装与环境的最优化。

一、登山服的功能要求

（一）透气性

登山运动过程中发热量大、汗液蒸发多，要求服装散热和透气性能良好。大运动量的情况下身体自然流汗，皮肤呼出大量湿气，如果不能迅速排出体外，会导致汗气困在身体和衣服之间，令人浑身湿透。

特别是在高山、峡谷等严寒的条件中，身体的寒冷和失温是非常危险的，所以服装良好的透气性是非常重要的。

（二）防水性

攀登山峰难免遇到风、雨、雪、雾，因此服装要有一定的防水性能。这样无论坐在潮湿的地方，还是行走在风雨交加的环境中，服装都能够有效地阻挡雨水和霜雪的入侵，让水不能渗透入衣服内部而让人不感到潮湿和寒冷。

（三）防风性

野外风大，高山寒冷，登山服装的防风保暖性能要高。所谓防风，是指百分之百的防止风冷效应。在多变的自然环境下，当冷风吹进衣服，会吹走人体皮肤附近的一层暖空气，导致热量迅速流失，体温下降，人们就会立刻感到丝丝寒意，这就是所谓的风冷效应。

（四）轻便

登山运动应尽量减轻负重，服装要尽量轻便。如果登山服装压力大，会造成人们生理上的负担。上衣的重量主要由肩部来支持，因此在登山服的肩部，应采用轻质材料，同时在袖口处，用尼龙搭扣代替松紧带做成合体结构，防止由于松紧带过紧而压迫血管，造成血液循环障碍。

（五）安全性

服装安全有两方面的内容：一是在非安全因素的环境中要有安全警示作用，如登山服装的安全色与反光标识的使用，可使登山者在发生意外状况时，同伴能及时找到他们并进行援救。大多数登山者会选择色彩艳丽的服装，如橙色、蓝色、红色等，以便在出现事故时能够及时援救。二是服装的安全因素体现在设计之中，如登山服装切忌特别多的装饰，以免与树枝等障碍物缠绕，造成不必要的伤害。

除此之外，登山服装还应具有一定的抗菌防臭和防沾污性，同时，野外登山攀岩穿林时，为了防止被岩石锐角所割破，服装要求具有良好的抗拉伸和抗撕破性。

二、登山服的特点

登山常用装备为冲锋衣(wind breaker)，在国外多称为风衣夹克(wind jacket)或防风夹克(wind proof jacket)（图3-3-1）。

图 3-3-1 登山服款式（防水透湿面料）

（一）冲锋衣特点

冲锋衣又称风衣或雨衣，是户外运动爱好者的必备装备之一，这是由其全天候的功能决定的。因冲锋衣最早是用在登雪山时，当离顶峰还有两三个小时路程时的最后冲锋，这时会脱去羽绒服，卸下大背包，只穿一件冲锋衣轻装前进。这就是其中文名字的由来。现在冲锋衣大多被称为"Parka"（这个词来自俄语），是指带有风帽并且可加装衬里的套头衫或夹克的统称。也有少量使用"Jacket"。

现代的 Parka 一般做成短风衣的款式，Jacket 的样式相对比较生活化，一般没有风帽。式样上，风帽上有滑扣之类的附件，可以调节风帽形状与头形吻合；采用在立领领口处加厚或是加一层薄的抓绒衬里，以减少这里的热量损失；由于肩部、肘部及颈部容易磨损，且为减轻服装压力，在这三个部位采用耐磨、轻便的面料；内包开口在拉链以外，以减少热量损失，衣袋开口较高或有胸袋，避免被背包腰带压住衣袋而取不出东西的情况发生；衣服的后片比前片略长，袖管略向前弯，以补偿运动量。服装总体易于肢体伸展、方便活动、易于穿脱，肩膀、手臂、膝盖不受太大压力；内层服装设计注重贴身、舒适、保暖，外层服装应具备表面光滑、防风沙、防水、防紫外线等功能。

（二）冲锋衣细节特征

冲锋衣的立体裁剪使衣裤的肘、膝等部位更加符合人体曲线，穿着更舒适。面料进行防水涂层，如使用美国杜邦公司的Teflon（特氟龙）涂层覆盖在衣裤表面，增强了防水效果，并且减少雨水对材料的腐蚀。接缝拼合处进行压胶处理，这主要是针对衣服的针脚和接缝处的涂层易破损、渗水的情况所做的专门压胶处理，密封所有接缝处，进一步杜绝漏水、渗水的情况发生。在拉链的外层覆盖防水压胶层，防止水分渗透。防风部件，如下摆松紧绳、袖口魔术贴，有的还有防风裙，能够有效防止风从外部灌入。腋下加透气拉链，方便排汗（图3-3-2至图3-3-8）。

图3-3-2 肘部立体裁剪　　　图3-3-3 压胶处理　　　图3-3-4 无缝压胶拉链　　图3-3-5 Teflon涂层

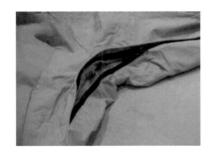

图3-3-6 防风裙　　　　　图3-3-7 魔术贴　　　　　图3-3-8 透气拉链

三、登山服常用的材料

登山服装的面料要根据其结构需求来选用，登山服不仅要求防风、防雨、保暖、吸湿透气，同时对面料的柔软性、伸缩性、耐久性、防静电性和防污性也有较高的要求。

（一）外层面料

登山服外层面料根据设计的不同，在功能的细分上有两层压胶面料、三层压胶面料以及两层半面料的设计。两层压胶面料的设计是在外面料下复合一层防水透气层，制作服装时需要再加一层里衬来保护防水透气膜层，面料比较柔软，透气性能较高。三层压胶面料在外面料下复合防水透气层，然后再复合一层内衬，在制作成衣时无需再加里衬，其耐用性能好。两层半面料是在外面料下复合防水透气层，然后再加一层保护层（不是衬布），制作服装时因为已经有保护层就不用再加衬里，比三层压胶面料要轻薄柔软，便于携带。

登山服主要体现在防水的特点上。从面料设计和加工上来说，一般的登山服都是"PU防水涂层＋接缝处压胶"。PU防水涂层指的是在衣服表面织物上附着一层聚氨酯防水涂层，根据需要涂层厚度不等。登山运动由于其环境的特殊性，要求服装有防污和易去污性能，具有代表性的面料是杜邦公司的Teflon

（特氟龙）、日本明成化学的 AG480、瑞士 Ciba 公司的 Oleopholbol 系列面料。同时要求登山服面料具有防水透气性，面料阻止液态水通过的同时允许气态水通过，既防风、防雨，又保证了人体的干爽。目前市场上大都采用细号高密织物面料，也有采用隔膜技术的面料，如美国戈尔（Gore）公司生产的 Gore-Tex 等面料。

1. Gore-Tex 面料

Gore-Tex 面料是世界上第一种耐用防水透气和防风面料（图 3-3-9、图 3-3-10）。它突破防水与透气不能兼容的矛盾，通过密封性达到防水效果，并通过化学置换反应达到透气效果，同时具有防风、保暖功能，在欧美被誉为"世纪之布"，由 Gore-Tex 面料制成的服装、鞋帽、手套多年来一直保护着无数探险者，充分保护着人们的安全和舒适。

Gore-Tex 面料的特征：（1）防水。布料是由两种不同的材料制成，除外部面料和衬里外，中间还有一层 e-PTFE 薄膜，其具有防水功能。在一平方英寸的 Gore-Tex 薄膜上有 90 亿个微细孔，微细孔直径在 0.2～1.0μm，它使水滴无法通过，因此做到了 100% 的绝对防水。（2）透气。每个微细孔又比人体的汗气分子直径大 700 倍，所以汗气可以通过布料。（3）防风。由于微细孔的不规则排列，使 Gore-Tex 可以阻挡冷风的侵入。（4）耐用。Gore-Tex 布料可阻止污染物、化妆品和油污的透过，具有较强的使用寿命。

三层 Gore-Tex 是在二层材料里面又加上了一层透气材料。因为三层面料紧粘在一起，所以就看不到里面那层 Gore-Tex 薄膜。它的优点是里面那层面料可以更好地保证 Gore-Tex 薄膜不被磨损，但缺点是比二层 Gore-Tex 重，且透气性稍逊。

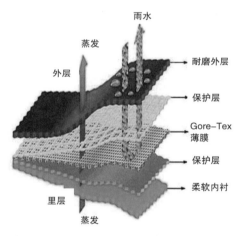

图 3-3-9 Gore-Tex 面料的防水透气功能示意图

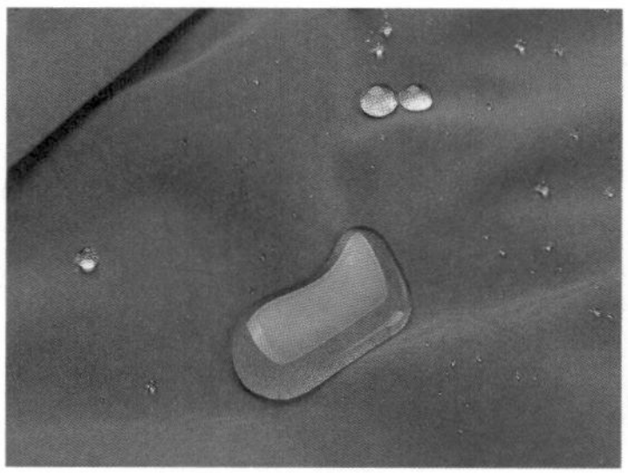

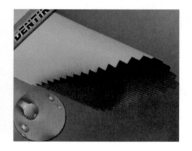

图 3-3-10 Gore-Tex 面料

图 3-3-11 DENTIK 面料

2. DENTIK 面料

随着 Gore-Tex 面料的有关专利到期，神秘的防水透气技术已经被国人利用并开始生产，登天氟材公司是国内唯一可以生产 e-PTFE 微孔膜的厂家，DENTIK 是这种微孔膜材料的商标。DENTIK 面料性能也很出色，常用于慕士塔格等国内品牌冲锋衣。此面料获国家防水透湿织物专利，并被中国人民解放军武警高寒部队定为指定产品（图 3-3-11）。

3. Cordura 面料

美国杜邦公司开发的 Cordura 纤维是一种喷气变形高强力锦纶，这种产品质轻、柔软且具有良好的手感，色泽稳定，易于打理，耐磨性好、耐撕破强力高，耐穿性是聚酰胺、聚酯和棉的 2～7 倍。很多背包都用它作为面料，很多冲锋衣和起绒衣也都在易磨损的肩和肘部用它加固（图 3-3-12）。

图 3-3-12 Cordura 面料

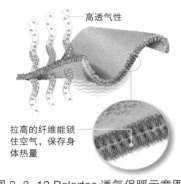

图 3-3-13 Polartec 透气保暖示意图

图 3-3-14 Polartec 面料

4. Polartec 面料

这是美国 Malden Mills 公司推出的材料，是户外市场上最受欢迎的起绒产品。Polartec 比一般的抓绒衫要轻、软、暖和，不掉绒，干得比较快，而且伸缩性好（图 3-3-13、图 3-3-14）。Polartec 分轻量级、中量级和重量级。100 系列的为轻量级，适合做抓绒裤。200 系列最常见，保暖性比 100 系列好，又没有 300 系列重。300 系列更暖和，用在很冷的地方。还有 200BiPolar 和 300BiPolar 系列，这些是双层抓绒衣，比较厚，适合在高寒地带穿。值得注意的是，一般买 200 系列最好，300 以上的穿在身上相对较沉重且有些裹在身上，太热了穿不住，脱下来又冷，在日常穿着中不太适合。

5. WindStopper 面料

这是美国戈尔（Gore）公司推出的防风材料，Windstopper 的设计思路是以一层防风薄膜为基础，辅以里外两层弹性保护层，近乎可以做到 100% 防风，但透气性就相对差一些（图 3-3-15、图 3-3-16）。它没有什么防水功能，但比一般起绒产品暖和，可以做外套穿，也可做保暖层的起绒衣。

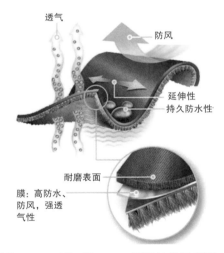

图 3-3-15 WindStopper 面料结构示意图

图 3-3-16 WindStopper 面料

图 3-3-17 Coolmax 纤维面料

（二）里料

1. Coolmax 面料

美国杜邦公司的 Coolmax 纤维具有四管道，纤维及纤维之间形成最大的空间，保证了很好的透气性，把皮肤表面散发的湿气快速传导至外层纤维，加强了导汗性与保暖性。此面料还有容易洗涤、洗后不变形、易干、面料轻而软、不用熨烫等特点（图 3-3-17）。

2. Omni-Dry 面料

这是美国 Columbia 公司研制的吸湿速干材料，布料不但可以迅速将水份吸收，而且会有效地将水份带到冲锋衣面料外面挥发。它的吸水性能是一般棉布的三倍，挥发速度是一般棉布的二倍，因而能使穿着者经常保持干爽舒适，适合于各种户外活动。

3.Outlast 面料

这是由美国 Outlast 技术公司与德国特种纤维制造商 Kelheim 纤维公司共同研制的。Outlast 这种材料被称为人的体温调节器，采用微胶囊相变材料（PCM），它能够吸收、储存及释放身体的热量，令身体在极端天气下也能保持正常的体温（图 3-3-18）。

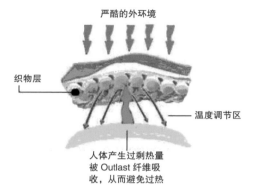

图 3-3-18 Outlast 调温原理图

图 3-3-19 Gore-Tex pac 面料

4.Thermastat 面料

这是美国杜邦公司开发的一种材料。它既排汗又保暖，是做内衣的理想材料。

轻型冲锋衣采用网状里衬，不粘身。也有不用里衬的，即所谓的三层压胶与两层半压胶之类，三层压胶是在防水透气膜的里面直接压上一层透气的材料，保护透气膜不磨损。两层半压胶主要是指 Gore 公司的 Gore-Tex pac（图 3-3-19），原理与三层压胶类似，从里面看起来是网点状的。这类衣服的特点是整衣重量减轻，透气性更好，但价格较贵。

（三）辅料

登山服还包含其他一些辅料，包括下摆及袖口松紧绳、拉链、卡口、魔术贴等。登山服的拉链一般都采用 YKK 拉链。

四、登山服实例材料分析

图 3-3-20 为登山服，其使用的服装材料见表 3-3-1。

表 3-3-1 登山服实例材料分析

面料	辅料
外层 Gore-Tex 面料、内层 Coolmax 面料。	YKK 压胶树脂或塑料拉链、下摆及袖口松紧抽绳、魔术贴。

图 3-3-20 登山服实例

第四节 滑雪服材料分析

　　滑雪服是指进行滑雪等运动时穿着的服装，通常分内、中、外三层。在滑雪时选择纯棉内衣做贴身内衣是不明智的，因为当人体处于运动状态时，棉内衣制品会大量吸收人体排出的汗液且很难在短时间内挥发掉，又冷又潮的棉内衣贴在皮肤上，会将皮肤表面热量带走，使人产生寒冷的感觉，容易让人感冒。所以可以将一件带网眼的尼龙背心贴身穿，然后在外面套上一件弹力棉背心，这样身体排出的汗液会透过尼龙背心吸附在弹力棉背心上。滑雪时真正的保暖层在中层，市场上比较多的是抓绒衣或抓毛绒衣，其质轻、蓬松、保暖性好，也要具备透气性，可使汗水排出。保暖层在潮湿情况下的保暖能力和干燥速度是选择保暖层时的重要因素。滑雪服的外层应以质轻、保暖、防风雪、合身、不妨碍行动且尽量减少风阻为原则。

一、滑雪服的特点

　　（1）滑雪服应保暖。

　　（2）滑雪服应尽可能减少空气阻力，以适合快速运动。

　　（3）滑雪服应合身。合身的滑雪服不仅能减小运动阻力，而且不会妨碍滑行时的动作。上衣要宽松，衣袖的长度应以向上伸直手臂后略长于手腕部为标准，袖口应为缩口并有可调松紧的功能。领口应为直立的高领开口，防止冷空气的进入。裤子的长度应当以人蹲下后裤角到脚踝部长度为准。裤腿下开口有双层结构，其中内层有带防滑橡胶的松紧收口，能紧紧地绷在滑雪靴上，有效防止进雪；外层内侧有耐磨的硬衬，防止滑行时滑雪靴互相磕碰导致外层破损。

　　（4）滑雪服应透气防水。滑雪服的面料应选用透气面料，以保证运动过程中汗液可以及时排出。同时能够有效地阻挡霜雪的入侵，使水不能渗透入衣服内部而让人感到潮湿和寒冷。

　　（5）颜色选择有讲究。最好选择能与白色形成较大反差的红色、橙黄色、天蓝色或多种颜色搭配的醒目色调。一是为其他滑雪者提供醒目的标志，以避免碰撞事故的发生；二是如果在高山上滑雪地发生雪崩或滑雪者迷失方向时，鲜艳的服装为寻找和救助提供了良好的视觉指引。

　　（6）重量轻。服装材料在提高保暖性的同时，大大降低重量，可使人体着装时更为轻便和舒适，从事运动时也更为方便、灵活。

　　从结构上看，滑雪服有分身滑雪服和连身滑雪服两种形式（图 3-4-1、图 3-4-2）。

图 3-4-1 分身式滑雪服（防水透气面料＋保暖絮填材料）　　图 3-4-2 连身式滑雪服（防水透气面料＋保暖絮填材料）

分身滑雪服穿脱方便，但要求：裤子一定要为高腰式且最好有背带和软腰带；上衣一定要宽松，中间收腰并要有腰带或抽带，以防止滑行跌倒后雪从腰部进入滑雪服；手臂向上伸直后袖子不能绷得太紧，要长一些，因为上肢在滑雪过程中处于一种全方位运动中。连身滑雪服结构简单，穿着舒适，其防止进雪的效果比分身滑雪服的效果好，但穿脱较麻烦。

滑雪服和登山服在一些方面存在相似之处，如透气、防水、轻便，但在结构细节上仍存在一定差别。

（1）风裙设计：登山服不一定要设计有风裙，但是所有的分体滑雪服都有这个设计，其作用是防止摔倒后雪和冷风进入衣服。

（2）通风拉链设计：一般登山服的通风拉链都设计在腋下，而滑雪服的通风拉链一般在前方和锁骨下方、后背下裙、两腿中间的位置。不管是登山服还是滑雪服，一般都会采用防水拉链。此外，滑雪服的开口以大拉链为主，以便戴手套时也能方便操作。

（3）护脸设计：一般登山服都没有护脸设计，其领口很多都是在下巴以下，极少会提高到眼睛以下。但是滑雪服一般都有这个设计，在滑雪服的兜帽上带有防风的护脸，其功能类似"打劫帽"，主要为了防止滑雪过程中因速度太快而造成脸部皮肤的冻伤。

（4）袖口、裤口设计：为了防止进雪，滑雪服一般都会在袖口和裤子下面设计简易雪套，有的还有半指连体手套设计。

（5）专用的兜／暖手袋设计：一般滑雪服都设计有雪镜专用兜、证件兜、滑雪卡专用兜等，有的还设计有暖手袋。

（6）裤子背带：背带是大多数滑雪裤的标准配备。背带的使用提高了滑雪者在滑雪时的安全性。

（7）耐磨层：滑雪裤会在关节或者其他易发生摩擦的部位设计有很厚的耐磨层，虽然会增加滑雪裤的重量，但是却很好地延长了服装寿命。

二、滑雪服的常用材料

（一）面料

滑雪服的面料选择和登山服相似，以具备防水透气性能的复合面料为主。很多防水透气面料既可作为登山服的面料，也可以作为滑雪服的面料。

滑雪服的面料也可以采用低阻力的运动面料。如 Descente 与 Eschler 公司共同合作研发的 Dimplex 织物，以波纹加工丝在织物的表面形成凸状，使运动员在起跑、起飞及空中飞行的阶段中，均能将空气的阻力降至最低。

（二）絮填材料

滑雪服的保温絮填材料主要有两种：羽绒和化纤。化纤类填充料有杜邦棉（Thermolite 纤维）、Primaloft 和新雪丽棉（Thinsulate 纤维）等。

1. Thermolite 纤维

Thermolite 纤维是杜邦公司推出的纤维，现在属于英威达（INVISTA）公司。它是仿造北极熊的绒毛而生产出的一种中空纤维，保温性能特别优异（图3-4-3）。其每根纤维都含有更多空气，形成一道空气保护层，既可防止冷空气进入，又能排出湿气，使穿着者身体保持温暖、干爽、舒适、轻盈。Thermolite 纤维制作的面料其干燥速率是丝和棉面料的二倍左右，适用于滑雪服、户外夹克、时尚外套、手套、鞋类及附件。英威达公司根据使用环境和特点把 Thermolite 纤维分成了不同类型：

Thermolite® Micro ——羽毛般柔软、温暖。

Thermolite® Active——温暖而且在剧烈的运动中不会感到过热。

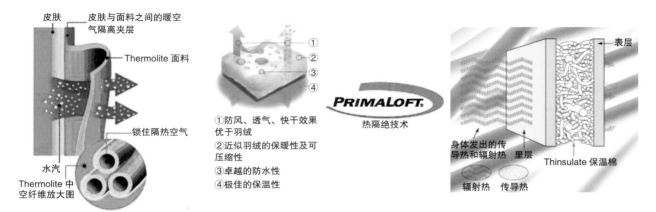

图 3-4-3 Thermolite 纤维保温原理　　图 3-4-4 Primaloft 纤维保温原理　　图 3-4-5 Thinsulate 纤维保温原理

Thermolite® Plus——非常温暖、悬垂性良好、柔软而体积小。

Thermolite® TFI——特殊的保暖性，专为鞋类应用而设计。

2. Primaloft 纤维

Primaloft 纤维是美国户外功能性保暖纤维品牌 Primaloft 推出的一种超柔软的拒水性超细纤维，它重量轻，具有羽绒纤维一样的柔软和温暖的手感（图 3-4-4）。极轻极柔软的 Primaloft 保暖层提供了上百万个悬挂在微纤维网中的气室。由于气室太细微，使得水滴只能停留在表面。即使水滴被挤进 Primaloft 纤维内，水分也不会被微纤维结构吸收。所以 Primaloft 即使在潮湿的状态仍能使人体保持温暖。

3. Thinsulate 保温棉

Thinsulate 是美国 3M 公司开发的产品，在相同厚度条件下，它的保温性是羽绒的 1.5 倍。Thinsulate 保温的秘诀在于微细纤维。Thinsulate 保温棉独有的微细纤维，比一般化纤棉小十倍，能更有效锁住空气，这是保温的关键；而在同一空间里有更多纤维，也可反射更多身体的热量，加强保温效果（图 3-4-5）。它沾湿时仍可维持保温功能，且易干。

（三）辅料

滑雪服使用的辅料与登山服相似，不同的有增加裤子背带、裤口雪套等。

三、滑雪服实例材料分析

图 3-4-6 为滑雪服，其使用的服装材料见表 3-4-1。

表 3-4-1 滑雪服实例材料分析

面料	辅料
外层 Gore-Tex 面料、内层 Polartec 抓绒面料、Thermolite 纤维絮填材料。	YKK 压胶树脂或塑料大拉链、下摆及袖口松紧抽绳、魔术贴、裤口雪套、裤子背带。

图 3-4-6 滑雪服实例

第五节 棒球服材料分析

一、棒球运动着装要求

棒球运动着装要求：一是上衣有两件，即外套和内衬，内衬必须扎在裤子里；二是裤子一般都是七分紧身或普通直筒，裤子必须系腰带。比赛时，同队队员穿着式样和颜色一致的比赛服装（包括内衫和外露部分）。服装上不得有闪光纽扣或装饰物（图3-5-1）。

（一）棒球内衬

棒球内衬既可以是长袖，也可以是短袖。一般情况下，内衬为单一颜色，如纯白、纯蓝或纯橙等。内衬与棒球衫的颜色最好有较为明显的不同（图3-5-2）。

（二）棒球衫

棒球衫一般为短袖、开襟款式，服装上衣背面有不小于15.2 cm的明显数字号码（一般为绣标，也可以是印花）（图3-5-3）。

图3-5-1 棒球运动着装

图3-5-2 棒球内衬（吸湿、排汗针织面料）

图3-5-3 棒球衫（吸湿排汗针织面料）

（三）棒球外套

在棒球衫的外面会搭配标准的棒球外套。在袖子上采用皮质镶拼的棒球服是非常流行的款式（图3-5-4），100%牛皮袖子或PU皮袖大大地加强了实用性能和酷感。现今国内棒球服袖子一般改为与衣身相同的面料，棒球衫的领口、袖口、下摆处有两条颜色分明的松紧双杠线，兜口往往与袖子、松紧双杠线的颜色统一（图3-5-5）。衣服整体面料一般采用带有弹性的纯棉拉绒面料，也可以采用毛呢材质面料，此外尼龙与羊毛混搭的舒适度也较好。

（四）棒球裤

棒球裤一般为七分裤或长裤，其长裤大多为直筒，收腿款式也较常见（图3-5-6）。一般在膝盖处加厚。

二、棒球服的特点

棒球服装一般应具备如下特点：

（1）轻薄。轻薄的面料有利于降低服装对人体的压迫感，使运动更加灵活和舒适。

（2）吸湿快干。吸湿快干织物能及时导出皮肤的汗液且能快速蒸发。

图 3-5-4 皮袖棒球服（皮革 + 羊毛混纺面料）

图 3-5-5 统一面料的棒球服（纯棉针织面料）

图 3-5-6 直筒、收腿棒球裤（吸湿排汗针织面料）

（3）透气。运动时，排汗所形成的湿气必须借由织物渗透吸收再排至体外。如果无法排出体热，湿气在人体与衣服间将造成闷热感，因此对面料有透气的要求。

（4）弹性。优异的弹性不仅可以减少运动时的束缚和阻力，同时弹性紧身设计可以有效保护肌肉。

（5）防紫外线。棒球运动绝大多数在户外进行，户外运动服装应具备适当的防紫外线功能。

此外，棒球服外套还具有如下细节特点：

（1）拉链压胶条处理：防止拉链处透风（图 3-5-7）。

（2）袖口罗纹设计：罗纹设计弹性大，袖口收紧能防风，利于穿脱，穿着时压力适当，较舒适（图 3-5-8）。

三、棒球服的常用材料

棒球内衬、棒球衫和棒球裤一般均采用针织面料。常用面料如下。

（一）Dri-FIT 面料

Dri-FIT 来自 FIT 系列（F 代表功能 Functional、I 代表创新 Innovative、T 代表技术 Technology），是 Nike 公司独家开发的超细纤维面料。独特的 Dri-FIT 超细纤维能使水分通过虹吸作用沿着纤维传送至衣服表面迅速蒸发。Dri-FIT 面料功效持久，穿着时可贴近皮肤表层，提供优良的排汗功能及舒爽感（图 3-5-9）。

（二）Climalite 面料

Climalite 是 Adidas 公司研发的一种服装面料。面料的特性是采用特殊处理的双层网眼面料，利用内层小网眼来吸收和传输汗水和湿气，外层大网眼便于将汗水和湿气蒸发，从而起到快速散热的作用，

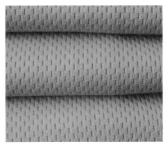

图 3-5-7 拉链压胶条

图 3-5-8 袖口罗纹

图 3-5-9 Dri-FIT 面料

图 3-5-10 Climalite 面料

使身体在运动中保持干爽，达到最佳的运动状态。Climalite 面料是一种贴近皮肤表面的轻巧、透气面料，即便在最燥热的环境下也能够有效保持凉爽和干燥，还提供 UV 防晒功能（图 3-5-10）。

棒球服外套的面料与运动套装的面料相似。

（三）辅料

棒球服中搭配的辅料主要是拉链、纽扣和裤钩。棒球服外套和棒球裤的拉链可以是尼龙拉链、塑料拉链、树脂拉链，外套的拉链进行压胶条处理。外套和裤装的纽扣可选树脂、塑料、金属材质。

四、棒球服实例材料分析

图 3-5-11 为棒球服，其使用的服装材料见表 3-5-1。

表 3-5-1 棒球服实例材料分析

面料	辅料
Dri-FIT 或 Climalite 针织面料。	尼龙、塑料、树脂拉链，金属裤钩，树脂裤扣。

图 3-5-11 棒球服实例

第六节 足球服材料分析

一、足球服的特点

足球运动服一般是短袖短裤搭配，是较为普遍、人们熟悉的服装。细节上习惯采用 V 字领，并采用装领，在衣袖、裤管外侧加蓝、红等彩条线（图 3-6-1、图 3-6-2）。

图 3-6-1 足球服套装

图 3-6-2 足球服 V 字领

图 3-6-3 内层网眼布（涤氨材质）

二、足球服的常用材料

足球服一般均采用针织面料,因纯棉球衣吸汗后,衣服粘在身上,影响舒适体感,长期洗涤,极易变形,所以专业球队不会使用纯棉制品。常用的面料有如下几类:

(一)混纺面料

专业球服面料混纺的居多,如35%纯棉、65%聚酯纤维,单层或双层。球服中设计的排汗衫,内层是网眼布(图3-6-3),外层则是上述的混纺布料。双层可以使服装穿着更加凉快,吸汗并快速排汗,有防逆流设计,表面扩散快容易干,不贴身且通风,外观容易印刷,颜色鲜艳美观。

(二)高科技面料

现在大的运动品牌都会运用高科技手段去提升面料功能,满足实际需要。

1. 吸湿排汗功能面料

吸湿排汗纤维一般具有较高的比表面积,表面有众多的微孔或沟槽,其截面一般为特殊的异形截面,利用毛细管效应,使纤维能迅速吸收皮肤表面湿气与汗水,通过扩散、传递到外层蒸发。涤纶和尼龙吸湿排汗面料均具良好的吸水性和干燥性。目前应用最广且效果最好的都是利用截面异形化生产的吸湿排汗纤维,如美国杜邦公司的Coolmax纤维、中国台湾远东纺织的Topcool纤维与中兴纺织的Coolplus纤维等,都是著名的吸湿、排汗纤维材料。Coolmax面料在本章第三节已有介绍。

2. Dri-FIT面料

2008年欧洲杯,Nike为旗下球队设计的新球衣采用新型动力学设计原理,比以前的款式更加贴身紧密,不易被人拉扯或抓握,球衣背面采用符合人体工程学的网层,穿着时更加透气凉爽。Dri-FIT面料在本章第五节已有介绍。

3. Sphere系列面料

2006年德国世界杯上,巴西队服所用的材料是Nike最新研制的Nike Sphere Dry(图3-6-4)。Nike Sphere Dry采用独特三维编织结构和功能面料相结合,内部形态类似细胞,每个独立单元可以是圆形或六角形,贴近皮肤处采用吸汗性能极佳的纤维,外部为微孔排汗面料。穿着时,内层凸起结构保证流汗时绝不粘身,提供极强的排汗透气功能。面料超轻,完全贴合身体曲线,去掉的平缝减少了对皮肤的摩擦和损伤,增加了舒适感。

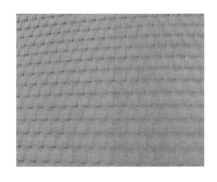

图3-6-4 Nike Sphere Dry 面料

图3-6-5 Adidas Climacool 面料(透气网眼设计提升球衣散热与排汗)

4. Climacool面料

Clima是Adidas研发的透气散热科技。Climacool这种面料能够根据人体代谢原理,提供全面的通风、排汗功能,面料非常透气、舒服而且很有弹性,适合伸展。为了进一步达到透气效果,在腋下、背部等部位还采用了小网眼设计（图 3-6-5），以帮助保持运动员身体舒适，还可以防静电。面料还可除去运动时 99.9% 的因流汗产生的阿摩尼亚气味，也就是除体味功能。

5. 传感器面料

2004 年雅典奥运会，英国足球运动员穿上了一种超级球衣。这款球衣利用纳米技术将特制硅条等装置嵌入面料，这个装置是一个内嵌传感器，它能将球员身体机能的信息传送给场边教练，方便教练掌握球员的体能分配，进行临场战术布置。

除此之外，足球服的辅料有品牌唛头、足球徽章贴布、松紧带、织带等。

三、足球服实例材料分析

图 3-6-6 为足球服，其使用的服装材料见表 3-6-1。

表 3-6-1 足球服实例材料分析

面料	辅料
Coolmax、Dri-FIT 或 Climacool 针织面料。	品牌唛头，足球徽章贴布，松紧带及抽绳。

图 3-6-6 足球服实例

第七节 猎装材料分析

一、猎装的特点

猎装又称卡曲服，起源于欧美猎人打猎时所穿的一种衣服。猎装有着与生俱来的运动功能。

在 20 世纪 20 年代，探险家身着猎装而行进在非洲的原野上，除了要求猎装面料经久耐穿而不被荆棘丛划破外，还要求面料轻薄、透气，因为这在烈日炎炎的非洲显得同等重要。因此，猎装设计要求面料较轻，即使在夏季穿着也不会使人感到闷。其款式潇洒干练，基本形式为：翻驳领；前身门襟用纽扣；两小带盖口袋，两大老虎袋，在衬里还会设计两小口袋；后背横断，后腰身明缉腰带，并在下摆处开衩；袖口处加袖祥或者装饰扣，肩部通常有肩祥（图 3-7-1）。猎装给人以豪放、潇洒、利落、适体之感。猎装不像其他服装那样受年龄的限制，它适用于各种不同年龄的男子穿着。在国外，它还可以作为交往、娱乐、上班的便服，所以又有"男子万能服"的美称。

二、猎装的常用材料

猎装的面料选用范围广，天然纤维和合成纤维均可用来制作。在探险家眼中合乎标准的猎装一定是由天然的棉麻面料制成，这种面料更加透气且耐磨。而在 19 世纪时，探险家更倾向于选择厚

图 3-7-1 猎装基本款式（棉麻混纺面料）

重的法兰绒面料，因为穿上由这种面料制成的猎装，既可以避免感染疟疾，又可以免受日晒之苦。其颜色常用米黄、银灰、宝蓝、咖啡、茶绿色等。

三、猎装的种类

（一）传统猎装

传统猎装使用天然的棉麻面料居多。卡其色是非洲草原的保护色，因此常被用于传统猎装。猎装上的纽扣非常坚固，在袖子和肩部也钉有纽扣，保证了衣服不会被轻易损坏。袖口采用收紧的设计，显得干练，并保护身体不受蚊虫的侵害。其最大的特点是有四个口袋，在衬里内还有两个口袋。衬里为化纤或棉化纤混纺面料（图3-7-2至图3-7-4）。

图3-7-2 传统猎装及面料（棉麻混纺面料）　　　　图3-7-3 猎装纽扣（树脂　图3-7-4 猎装袖袢
或塑料）

（二）时尚猎装

路易威登（Louis Vuitton）的男装设计师Kim Jones在2012春夏秀中，为男人设计了时尚猎装（图3-7-5）。对于现代男性来说猎装风格不可或缺，猎装风格男装呈现的气质和在男装中的地位是难以被替代的。时尚猎装降低了猎装的野外气质感（图3-7-6）。

图3-7-5 时尚猎装及面料（棉麻混纺面料）　　　图3-7-6 夏季亚麻猎装配棉质西裤（左）与冬季花呢猎装配法兰绒西裤（右）

（三）猎装夹克

猎装夹克的款式很多，以夹克本身该具备的口袋、拉链等元素做点缀，尽可能给人清爽洒脱的酷感（图3-7-7）。其面料材质和辅料的选用与上述猎装相似。

（四）Sahara 猎装上衣

经典猎装由绿色改为土黄、卡其色或杏色，这种风格猎装有一个应景的名字 Sahara（撒哈拉，图3-7-8），由此可见猎装对旅行的意义。Sahara 猎装一般带肩袢，同前襟一样采用纽扣，腰部有腰带或束腰，给人以豪放、潇洒、利落的感觉，最适宜绅士出行时呈现出潇洒、优雅形象。

图 3-7-7 猎装夹克及面料（棉麻混纺面料）　　　　图 3-7-8 卡其色 Sahara 猎装上衣及面料（亚麻面料）

（五）Suez 风格猎装

Suez（苏伊士）风格猎装（图3-7-9）一般会省略掉传统猎装中厚重的部分，但其基本风格被保留下来。大口袋设计仍是其标志，西装戗驳领，加上猎装领子、袖口处常用纽扣。猎装面料松软、保暖，适合各种天气环境，多采用风衣面料，如锦棉混纺、涤毛混纺面料，其质地密实挺括，而且防雨。

图 3-7-9 Suez 风格猎装及面料（锦棉混纺面料）

猎装搭配的辅料还有金属或树脂纽扣、金属或树脂拉链、塑料腰带插挂等。里衬多为化纤或棉化纤混纺面料。

四、猎装实例材料分析

图 3-7-10 为猎装实例，其使用的服装材料见表 3-7-1。

表 3-7-1 猎装实例材料分析

面料	辅料
上装为棉麻混纺面料，裤装为棉质面料。	上装采用棉化纤混纺里布，树脂纽扣、塑料腰带扣头，裤装使用尼龙拉链、裤钩。

图 3-7-10 猎装实例

第四章 休闲风格男装材料分析

休闲服装是在休闲场合（即人们在公务、工作外而置身于闲暇地点）进行休闲活动（如娱乐、健身、逛街、旅游、居家等）所穿的服装。穿着休闲服装追求的是舒适、方便、自然以及无拘无束的感觉，展现的是简洁、自然的风貌。

第一节 休闲西装材料分析

休闲西装在近些年来比较流行，与正统的西装相比，其款式多样化，面料的可选性也多（图 4-1-1）。除使用各种精纺和粗纺呢绒外，还可以使用棉、麻天然纤维与各种化学纤维面料以及皮革。它简单随意、款式多变的风格深受年轻人喜爱。

（a）涤纶平纹面料 　　（b）棉灯芯绒面料 　　（c）毛/涤混纺斜纹面料 　　（d）精纺毛呢面料

图 4-1-1 休闲西装

一、休闲西装的特点

休闲西装的板型是比较宽松的，单粒扣、戗驳领、圆摆、后开衩是其常用的款式。穿着休闲西装可以有较大的身体活动量，如登山、远足等。休闲西装的缝制结构比起正装西装也相对简单，极少使用硬挺的衬布，整体柔软、简洁，甚至可以和夹克衫相比。

休闲西装的着装搭配有较多的选择，其追求的是脱掉衬衫、领带的束缚，迎来休闲舒适的感觉。在着装搭配时，穿在西装里面的上身选择 T 恤是最多的，圆领、V 领都可以，这种搭配特点是去繁就简、清爽舒适，立刻就能呈现出整体休闲的造型。而下装搭配通常有以下几种情况：

1. 休闲西装 + 牛仔裤

下装搭配牛仔裤时尽量选择休闲单排扣西装。牛仔裤最好选择直筒型，采用怀旧的洗水、磨损等后整理牛仔面料也都是不错的选择。牛仔裤抹去了西装的几分锐利棱角，显得更亲和、更街头，若裤脚再挽起来则更有型。

2. 休闲西装 + 休闲裤

从板型上来说休闲裤最接近西裤，硬挺修身，但其浅淡的颜色和用料质地却比西裤多了些柔和，是修饰腿型的绝好单品。简洁明快的休闲西装与休闲裤搭配，令人舒适轻松，如驼色休闲裤配粗花呢西装就别有一番复古风味。

3. 休闲西装 + 休闲运动鞋

除了上、下身的搭配之外，还可以把休闲西装衣裤和休闲运动鞋这两种气质相差千里的单品组合在一起，但要注意其颜色搭配的和谐。

二、休闲西装的常用材料

（一）面料成分

从面料成分来看，休闲西装面料可用的材料很多，从天然纤维到化学纤维及混纺纤维面料都是常见的选择。如全棉、全麻、棉麻混纺面料、羊毛与涤纶混纺、羊毛与黏胶或棉混纺、黏胶与涤纶混纺等。

（二）面料类型

从面料类型来看，法兰绒、天鹅绒、平绒、丝绒、灯芯绒、细斜纹布、绉条纹薄织物、粗花呢、皮革等都是休闲西装常用的面料类型（图 4-1-2 至图 4-1-9）。

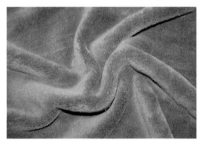
图 4-1-2 法兰绒

图 4-1-3 天鹅绒

图 4-1-4 平绒

图 4-1-5 丝绒

图 4-1-6 灯芯绒

图 4-1-7 细斜纹布

图 4-1-8 绉条纹薄织物

图 4-1-9 粗花呢

（三）辅料

休闲西装极少使用硬挺的衬布，里布通常为化纤或混纺面料，如锦纶、涤纶、锦棉、涤棉等，有的也可以不加里布。可根据面料的材质搭配风格一致的纽扣，如金属、树脂、塑料纽扣。

三、休闲西装实例材料分析

图 4-1-10 为休闲西装，其使用的服装材料见表 4-1-1。

图 4-1-10 休闲西装实例

表 4-1-1 休闲西装实例材料分析

面料	辅料
棉斜纹布，肩部、口袋拼接桃皮绒面料。	树脂或塑料纽扣，无衬里，无里布。

第二节 休闲夹克材料分析

夹克有许多种类。衣长较短、胸围宽松、紧袖口与下摆克夫是夹克的经典式样特点。如今的夹克在原料、造型、功能和风格等方面均有更多的细分。夹克既可在平常生活中穿用，也可在旅游、社交活动中穿用。它的多样造型款式能满足不同消费者的需求。

一、休闲夹克的特点

休闲夹克给人轻松、舒适、方便和时尚之感。在商务活动之后的聚会中，穿用夹克可以创造一种轻松的氛围，远比穿西装的严肃来得合适。在娱乐性聚会中，夹克更是外衣穿着的主体，而且风格可以更加流行化、个性化。在旅游等运动型活动中，夹克方便穿脱和行动，且舒适轻松。一般无论何种款式的夹克，其肩部外形轮廓都要适当，搭配上下装后给人以上宽下窄的"T"字造型，呈现出潇洒、修长的美感。

（一）运动型夹克

代表性的运动型夹克为连帽夹克，其插肩袖设计为活动提供了方便，同时克夫和下摆处加入橡筋、罗纹或可调按钮，适用于不同体型（图 4-2-1）。运动型夹克在色彩上较轻松随意，可在衣领、袖口、手臂两侧等部位加入鲜艳色彩，增强运动兴奋感。在面料选择上其比较注意防水、防风、透气。

图 4-2-1 运动型夹克（防水透气面料）　　（a）纯棉平纹面料　　（b）尼龙府绸面料

图 4-2-2 便式夹克

（二）便式夹克

便式夹克指的是日常普通型夹克，造型较简洁，长度较短，松量较大，便于活动（图4-2-2）。在领型设计上其更为随意方便，不仅有小立领、八字领、驳折领，还有连帽式。门襟内层拉链、外层纽扣的形式在便式夹克上非常普遍。

（三）休闲式夹克

休闲式夹克在保留了夹克基本外型的基础上更加大胆、随意而富有创造性。其设计主要表现在细节和色彩上，在辅料上的表现也个性十足，如刚硬的皮带搭扣、有质感的拉链、粗犷的绳结等都可成为设计的重头戏（图4-2-3）。

（a）涤/棉防雨府绸　　　　　　　　（b）棉牛仔面料

图 4-2-3 休闲夹克

二、休闲夹克的常用材料

（一）常用的面料

休闲夹克的普通面料有纯棉及黏棉混纺等，中高档面料有各种中长纤维花呢、涤棉防雨府绸、尼龙绸、橡皮绸、仿羊皮等，高档面料有天然皮革，如羊皮、牛皮、马皮等，此外还有毛涤混纺、毛棉混纺、特种处理的高级化纤混纺和纯化纤织物。

从面料类型看，除传统的平纹和斜纹面料外，皮质、绒质或者仿皮、起绒织物，各种天然纤维和化纤牛仔布、灯芯绒、素色及印花面料，均可成为休闲夹克的选择（图4-2-4至图4-2-11）。

图 4-2-4 皮革　　　　　图 4-2-5 尼龙绸　　　　　图 4-2-6 牛仔布　　　　图 4-2-7 毛涤混纺面料

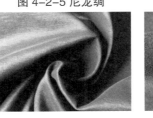  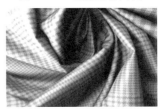

图 4-2-8 格纹花呢面料　　　图 4-2-9 亮丝面料　　　图 4-2-10 桃皮绒面料　　　图 4-2-11 印花面料

（二）辅料

休闲夹克也很少使用衬布，里布通常为化纤或其混纺面料，有的款式不加里布。根据夹克的风格搭配纽扣或拉链，或者两者均有。为搭配风格的一致，纽扣和拉链可选金属、树脂、塑料材质。在一些款式上，还会出现搭扣、绳带等（图4-2-12、图4-2-13）。

图 4-2-12 搭扣　　　　　　　　图 4-2-13 绳带

三、休闲夹克实例材料分析

图4-2-14为休闲夹克，其使用的服装材料见表4-2-1。

表 4-2-1 休闲夹克实例材料分析

面料	辅料
印花尼龙府绸。	树脂或金属拉链，无衬布，锦纶里布，螺纹袖口、领口。

图 4-2-14 休闲夹克实例

第三节 休闲裤材料分析

休闲裤，与正装裤相对而言，是指穿起来显得比较休闲随意的裤子。广义的休闲裤包含了一切非正式商务、政务、公务场合穿着的裤子。现实生活中休闲裤主要是指以西裤为模板，在面料、板型方面比西裤随意和舒适，颜色更加丰富多彩的裤子。男士休闲裤一直以来都是比较受男性欢迎的裤子种类，因为它既有运动裤的舒适，又有牛仔裤的百搭帅气，还有商务裤子的严谨感觉。

一、休闲裤的特点

一般来说，休闲裤大体上分为三种。第一种是多褶型休闲裤，即在腰部前面设计有数个褶，这种裤型几乎适合所有穿着者，无论体型胖瘦。因为这些褶具有一定的"扩容性"，让穿着者感到不紧绷，但显得不够精神利落，所以已经逐渐淡出市场。第二种是单褶型休闲裤（图4-3-1），即在腰部前面对称地各设计一个褶，相比第一种而言，其裤型较为流畅，并且具有一定的"扩容性"。第三种是欧板裤型（图4-3-2），即腰部没有任何褶，看上去颇为平整，显得腿部修长。

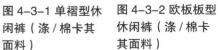

图 4-3-1 单褶型休闲裤（涤／棉卡其面料）　图 4-3-2 欧板板型休闲裤（涤／棉卡其面料）

　　虽说男士的裤型不像女士裤型那样多变，但是仍然有着自己的变化。时下，追求自然生活状态已经成为一种潮流，休闲裤搭配不同的上装，可以营造不同的感觉（图4-3-3）。比起牛仔裤和西裤，休闲裤多了一种高级的慵懒感。休闲裤完美搭配正装或休闲西装、正装衬衫或休闲衬衫，张弛有度、不紧不绷，回归最自然的状态。

| （a）全棉面料 | （b）涤／棉面料 | （c）麻／涤面料 | （d）棉／氨面料 |

图 4-3-3 男式休闲裤穿搭

二、休闲裤的常用材料

　　棉、麻是天然纤维中用于休闲裤较多的材料。棉、麻吸湿透气，舒适凉爽，但纯棉、纯麻织物在经过水洗和穿着后易起皱、变形，所以常采用棉、麻与合成纤维混纺。涤纶、锦纶因具有优良的定型性能，尺寸稳定性好，弹性好，经常与棉混纺而制成涤棉、锦棉混纺面料。它既保持了合成纤维强度高、弹性恢复性好的特性，具有良好的定型性，同时又具备棉纤维吸湿性好的舒适性能。在面料中加入氨纶（莱卡），可以使面料具有不同程度的弹性（图4-3-4至图4-3-6）。

　　休闲裤的辅料主要为拉链、裤钩（图4-3-7）和纽扣。拉链根据面料材质特点选用金属或尼龙拉链，纽扣多为树脂或塑料材质。

| 图 4-3-4 纯棉面料 | 图 4-3-5 麻涤混纺面料 | 图 4-3-6 棉氨混纺面料 | 图 4-3-7 休闲裤裤钩 |

三、休闲裤实例材料分析

图 4-3-8 为休闲裤，其使用的服装材料见表 4-3-1。

表 4-3-1 休闲裤实例材料分析

面料	辅料
棉／氨卡其面料。	金属拉链，树脂纽扣，金属裤钩。

图 4-3-8 休闲裤实例

第四节 家居服材料分析

合适的居家服装，会让人在忙碌的工作之后尽情享受家庭的温馨、快乐和轻松。

一、家居服的特点

在男人眼里，居家的意义在于安宁、踏实、舒适、放松。因此无论在生理上还是心理上，居家着装首先要求的是舒适。出于居家服舒适性的要求，服装材料必须柔软、吸湿、透气、色牢度高、易于护理，因此各种纯棉和棉混纺的色织布、针织布、绒布、毛巾布等成了男士家居服的常用材料。而丝绸因为其优越的舒适性多见于高档的家居服装中，但因其护理性的较高要求而使得它在现代快节奏社会中较难为上班族看好。

对于居家用服装而言，服装的颜色过于艳丽会造成视觉疲劳，然而总是单调的白色和灰色，也未免太过灰暗。配色简单或者细致的条纹、格纹织物，乃至趣味卡通印花，加上各种舒缓心情的别致细节，营造出浓浓的居家气氛。

（一）居家睡衣

睡衣与睡眠的质量密切相关，它需要柔软温暖的质地、轻松的风格、方便明快的款式。男士睡衣基本上可以分成两种：连身式睡袍和分体式睡衣（图 4-4-1 和图 4-4-2）。连身式睡袍的款式几乎没多大的变化，一根腰带横系，将睡袍与肌肤紧贴在一起，让肌肤彻底地感受到睡袍的柔软。分体式睡衣的最大优点是穿着舒适、行动方便，其款式主要体现在上衣衣领上，其中小西装领是最常见的一种领型。分体式睡衣通常为宽松的直身造型，两个大贴兜则充分体现出实用价值。用 T 恤代替上衣或者拿棉毛衫裤作睡衣，也是很多男人的选择。

（a）珊瑚绒面料　　　（b）真丝或仿真丝面料

图 4-4-1 男士连身式睡袍

（a）全棉印花面料　　　　（b）全棉色织面料　　　　（c）全棉针织面料　　　　（d）真丝或仿真丝面料

图 4-4-2 男士分体式睡衣

（二）内衣

内衣首先要保持自身清洁与健康，其次是使肌肤感觉舒适，这要求内衣要具有良好的透气性、吸湿性，同时具备手感爽滑、细腻、悬垂性好、耐磨防皱等优点。男式内裤在前裆处需加一块衬布，其款式一般分为三角裤和平角裤，此外还有夏天用的纯棉短衬裤及冬天用的针织长衬裤（图 4-4-3）。

图 4-4-3 男士内衣（全棉或莫代尔加氨纶面料）

二、家居服的常用材料

（一）睡衣的常用材料

男士的睡衣质地最好是全棉或以棉为主的混纺织物。从舒适的角度看，棉料贴身穿最为舒适和健康，有利于睡眠，其中以精梳棉织物最为细腻。如果对蛋白质纤维没有过敏性，又钟爱丝绸的光滑和阴凉感，不妨选择更加高档的丝绸。除用机织物做成的睡衣外，合身型的针织物睡衣也是理想选择，因为其既轻薄柔软，又有一定的弹性。在棉织物当中，选择氨纶弹性纤维与棉进行混纺，弥补了普通纯棉织物的易松弛、易变形的缺点，它既有棉的质朴舒适又富有弹性，令人伸展自如、倍感贴体。

常见的用于睡衣的棉织物面料如下（图 4-4-4 至图 4-4-8）：

单面纬平布：手感柔软舒适，良好的吸汗透气性及垂坠感。

单面提花布：以复杂的提花工艺表现出多样的面料外观，突显档次，美观、舒适，其中电脑大提花尤为高雅别致。

单面天然彩棉：彩棉色泽素雅，健康环保，舒适止痒，无刺激，不褪色，不起球，越洗越柔软。

色织条纹布（棉＋莱卡）：由色纱线织成，色彩鲜艳夺目，加入莱卡后的面料伸展自如、随身而动，充满运动休闲感。

双面针织棉布：比单面针织棉布更光滑、吸汗，富有弹性，坚牢耐磨，耐洗耐热。

全棉彩条吸湿布：是针织面料的后起之秀，手感好，不变形，布面条子清新脱俗，质地柔软舒适，穿着舒爽，外观美观。

加密精梳棉：密度的增加，增加了面料的厚实度，舒适透气，又有丝的光泽度。

图 4-4-4 单面纬平布　　图 4-4-5 单面提花布　　图 4-4-6 有机彩棉针织汗布　　图 4-4-7 色织条纹布

此外，秋冬季常用的睡衣面料有：

针织卫衣布：采用纬平织法，底面组织像鱼鳞片一样呈环绕状，可以很好地与皮肤接触，吸走汗水与闷湿气，透气性好（图 4-4-9）。

灯芯绒：经特种织机制造，表面呈绒毛状，柔软舒适。

珊瑚绒：手感柔软，细腻，不掉毛，易染色。单丝纤度小，因而其织物具有优越的柔软性，有较高的芯吸效应和透气性，穿着舒适（图 4-4-10）。

图 4-4-8 加密精梳棉布

罗纹针织棉：具有优雅的纹理，更直观的视觉效果，有较大的弹性和保暖性（图 4-4-11）。

色织磨毛布：磨毛处理增强了面料柔软舒适度，提高了保暖效果。但磨毛破坏了面料的结构，所以还需要经过定型处理，因此工序增加，成本提高（图 4-4-12）。

剪绒布：以柔软、高贵而著称的剪绒布，色彩鲜艳，质地柔软、滑爽舒适，是秋冬的经典面料（图 4-4-13）。

此外睡衣上会缝制树脂或塑料纽扣，睡裤上会使用松紧带或裤绳。男士睡衣上很少使用蕾丝花边。

（二）内衣的常用材料

男士内衣的常用材料包括纯棉、莫代尔、竹纤维、莱卡、锦纶、Coolmax、Meryl 等。

图 4-4-9 针织卫衣布　　图 4-4-10 珊瑚绒　　图 4-4-11 罗纹针织棉　　图 4-4-12 色织磨毛布

图 4-4-13 剪绒布

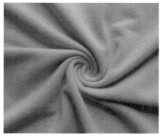
图 4-4-14 Modal 面料

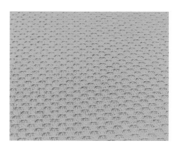
图 4-4-15 竹纤维面料

Lycra（莱卡）：是美国杜邦公司发明的一种人造弹力纤维，可自由拉长 4～7 倍，并在外力释放后迅速恢复原有长度。它一般不单独使用，与其他天然、人造纤维混纺使用。

纯棉面料：纯棉类内裤吸湿性强但排湿性较弱，不容易干，如果要穿棉质内裤，应该保证内裤的干燥性，容易出汗的人且经常驾车的男性则不适合穿着棉质含量过高的内裤。同时棉质内裤应添加 5%～10% 的氨纶，提高内裤的弹力，增强合体性。皮肤极度敏感以及多汗的消费者应选用含有氨纶的精梳棉内裤。

Tactel（锦纶 66）：Tactel 是美国杜邦公司生产的一种高品质锦纶纤维，其织物柔软舒适，并且具有良好的吸湿性，可以平衡空气和身体之间的湿度差，从而减轻身体的压力，具有调整效果。Tactel特别轻巧，极易保养，可机洗，晾干时间比棉快三倍，具有显著的抗皱能力。

Modal（莫代尔）面料：为新型"再生纤维素"类纤维，其面料较其他面料更为柔软，强力和韧性也更好，同时具有明显高于纯棉类产品的吸湿排汗能力，织物可保持干爽、透气，有利于人体的生理循环和健康（图4-4-14）。尤其在乎舒适度的消费者可以购买莫代尔面料内裤。

竹纤维面料：这是越来越受人们喜爱的内衣面料种类之一（图 4-4-15）。知名的竹纤维品牌主要有"天竹竹纤维"。国内外诸多内衣品牌都先行选用了天竹竹纤维作为主打产品面料。天竹竹纤维原料提取自天然生长的竹子，它除了纤维细度、干强指标、吸湿排汗能力高于普通棉外，还具有天然抗菌、抑菌、除螨、防臭和抗紫外线功能。竹纤维中含有的"竹琨"抗菌物质对贴身衣物有防臭除异味的功效，同时具有卓著的抗菌能力，在 12 小时内的杀菌率为 63%～92.8%。竹纤维的抗紫外线能力是棉的 41.7倍，同时竹纤维不带任何自由电荷，抗静电，止瘙痒。

Coolmax 面料：由于 Coolmax 吸汗和排汗方面都很出色，加上面料容易洗涤、洗后不变形、易干、面料轻而软、不用熨烫等特点，是世界名牌运动内衣首选面料。该面料在第三章第三节中已做详细介绍。

Meryl 面料：Meryl 是 Nylstar 公司开发的一种尼龙纱，但它不是普通的尼龙纱。该面料手感柔软、细致，具有透气、排汗、抑菌等效果。

男士内衣的辅料主要有裤腰部使用的松紧带。

三、家居服实例材料分析

图 4-4-16 为家居服，其使用的服装材料见表 4-4-1。

表 4-4-1 家居服实例材料分析

面料	辅料
全棉针织面料。	全棉滚边条、树脂纽扣、裤腰松紧带、涤纶绣花线。

图 4-4-16 家居服实例

第五章 个性、前卫风格男装材料分析

大多数时尚爱好者都认为，个性、前卫的男装风格是相对于经典的主流男装而言的。服装风格因品牌文化理念与设计师的不同而有许多种，其中个性、前卫风格则是一种超越了当代男装每一季度的流行现状的时装状态与氛围。这种风格更加注重设计师的内在个性、品牌整体的定位，宣扬时尚创意的自由形式和创造性实验，它反传统、反逻辑，力求创造出新奇的形式来表达与众不同的脱俗观念。

第一节 个性、前卫风格男装之透视

一、个性、前卫风格男装的特点

如果说古典、传统风格的男装在设计上讲究合理、单纯、节制、平衡、简洁，没有冲撞对比及复杂的装饰，并带有强烈的唯美主义倾向的话，那么个性、前卫风格的男装则时髦、新奇、怪异、另类、大胆，在设计上具有与众不同的构思，体现了作品的独特性与设计师的个性魅力。

个性、前卫风格包含了多种艺术类型，如达达主义、表现主义、波普艺术、欧普艺术等，并结合了多种街头时尚，如摇滚、朋克、嬉皮、军服、Hip-hop 等，设计中无拘无束，不乏幽默、讽刺、反叛、开放与自由，它企图打破一切设计障碍。20 世纪 60 年代的嬉皮运动和 70 年代的朋克风潮、街头服装，可以说是个性、前卫风格男装的早期萌芽。

20 世纪 60 年代，嬉皮士运动形成规模。喇叭形蓝色牛仔裤、色彩缤纷的串珠、飘动长发的装扮很快风靡欧洲（图 5-1-1）。嬉皮士男士穿着"柔性、颓废"的服饰，打破了 19 世纪以来西方传统男性在服饰形象上以"阳刚、英俊、挺拔"为主的风格，出现了颠覆性的"中性服装"。70 年代兴起的朋克文化以地下音乐、极简摇滚等音乐形式为基础，用直白的歌词诉说人性的美丑善恶，并且宣泄自己对社会现实的不满。皮夹克、牛仔裤和高高耸立的"朋克头"是朋克青年的标志（图 5-1-2）。

图 5-1-1 20 世纪 60 年代嬉皮士着装　　　　　图 5-1-2 朋克风格着装

摇滚乐则是 20 世纪 40 年代西方从"节奏布鲁斯"派生出来的一种黑人音乐，之后一直风靡欧美，出现了比尔·哈利、"猫王"艾尔维斯·普莱斯利、披头士、滚石、"谁"乐团、艾里克·布顿等重要的音乐团体和音乐家。披头士乐队队员的刘海式发型、披头式靴，嬉皮士蓬松凌乱的大胡子和头发以及头上插花、手握念珠的怪诞装束，都是当时年轻人在前卫男装中的一种情绪反映。图 5-1-3 为"猫王"演出时的着装。

图 5-1-3 猫王演出时的着装

1976 年，Jean-Paul Gaultier 推出的"先锋派"时装对前卫风格的发展起到了推波助澜的作用。此外，当代的后现代（解构、混搭）思潮也影响了前卫风格的演化，Jean-Paul Gaultier，John Galliano，Alexander McQueen 等设计师成为前卫风格的代表。

二、个性、前卫风格男装成为流行先锋

提到个性、前卫风格的男装，人们总会想到维维安·韦斯特伍德及其朋克风格服装、川久保玲及其前卫时尚服装、伊夫·圣洛朗及其反时装观念。

被称为"朋克时装"女王的维维安·韦斯特伍德作为伦敦前卫派设计师，是最早将朋克打扮引入到服装设计中来的前卫派设计师。她将朋克服装的金属装饰、历史人物图案引入到服装中，配合不同面料的拼接、头巾以及艳丽的色彩，这种有点街头嬉皮士风格的服装深受年轻人喜爱（图 5-1-4）。

日本设计师川久保玲的服装也是前卫时尚风格服装的代名词，川久保玲常常将一些完全异质的东西组合在一起，设计可谓大胆而奇特（图 5-1-5）。她推出的"破烂式"和"乞丐装"是对所有既成样式的破坏与毁灭，曾经备受瞩目。

现代服装之父伊夫·圣洛朗在 20 世纪 60 年代提出了"反时装观念"的前卫思想，对当时的服装起到了决定性的影响作用。这一时代，明星图像、几何图案、绘画涂鸦、连环画等都成为重要素材，将其运用到服装中加以夸张变化，蕴含着韵味与情趣。伊夫·圣洛朗成为这种反时装观念的代表，他推出的吸烟服、蒙德里安裙、透明式服装、波普艺术风格服装等影响了一代人。

图 5-1-4 维维安·韦斯特伍德的设计

图 5-1-5 川久保玲的设计

第二节 个性、前卫风格表现突出的品牌男装材料分析

一、J.W. Anderson

英国新锐设计师 J.W.Anderson 在 2008 年创立了时装品牌 Jonathan William Anderson。男女装的混合是 J.W.Anderson 的标志性风格。他十分注重服装布料的拼贴和重组以及服装款式的变化型。建筑感十足的立体剪裁，不落窠臼的细节设计，将概念与技巧运用紧密结合。他的男装作品冷酷优雅，类似"肚兜"的男士衬衫，围裙贴袋、不对称重叠以及蝴蝶结的设计，强调肩部线条和男性气概的箱型设计，使用弹力面料制作的精细紧身上衣以及无袖紧身衬衫等，不对称设计的斜裁袖和密集印花等，充分展示了 J.W. Anderson 的独特创新性。其代表款式实例见图 5-2-1，材料分析见表 5-2-1。

图 5-2-1 J.W.Anderson 前卫风格男装作品

表 5-2-1 J.W.Anderson 品牌男装材料分析表

品牌名/款式图	J.W.Anderson/ 图 5-2-1
材料特征分析	造型特别、廓型感强的服装，可选用合成纤维材质，或与棉、麻纤维混纺，风衣为棉质或与合纤混纺材质。合成纤维织物保型性好，利用其热塑性可对面料进行热定型，塑造出各种立体和褶裥造型。棉、麻天然纤维面料柔软舒适，配合印花图案，凸显个性化设计。根据面料风格和服装款式的不同，选择相适合的树脂、塑料纽扣及搭扣。
图 5-2-1 中服装涉及的部分面料分析	（a）棉/麻混纺面料　　（b）乔其纱　　（c）棉印花面料

二、Jean Paul Gaultier

Jean Paul Gaultier（让·保罗·高缇耶）作为男装前卫风格代表性设计师之一，被誉为时尚界的顽童。1976 年在高缇耶的首次个人服装秀上，他将回收的空罐变成手环，缎面马甲配上塑料材料裤子，生活中的物品被他重新审视。80 年代，他的男装开始挑战男女性别的界限，对性意识提出强烈质疑，他常常让男模们穿上刺绣或蕾丝裙子。高提耶喜欢深入探究个别元素的深层意义，以朋克式的激进风格，采用混合、对立或拆解，再加以重新构筑，并在其中加入许多个人独特的幽默感，如外挂式西装、解构主义等，有点不正经但又充满创意，带着反叛和惊奇。其代表款式实例见图 5-2-2，材料分析见表 5-2-2。

图 5-2-2 Jean Paul Gaultier 前卫风格男装作品

表 5-2-2 Jean Paul Gaultier 品牌男装材料分析表

品牌名 / 款式图	Jean Paul Gaultier/ 图 5-2-2
材料特征分析	内层的衬衫和 T 恤多为棉、再生纤维素类纤维等舒适度好的材料，使用的针织类紧身面料含有弹性纤维。西装、外套、裤装等为精纺毛呢类或者合纤混纺类面料，保型性好，搭配热粘合里衬、合纤混纺里布，西装领为同色绸缎面料或丝绒面料。紧身裤装搭配皮革、蕾丝等，凸显另类设计风格。根据面料风格和服装款式的不同，选择相适合的金属、树脂、塑料纽扣及裤钩或松紧带。
图 5-2-2 中服装涉及的部分面料及辅料分析	（a）精纺毛呢　　（b）丝绒　　（c）皮革　　（d）合纤印花布　　（e）牛仔布　　（f）蕾丝

（g）金属纽扣	（h）树脂纽扣	（i）皮手套

三、Alexander McQueen

　　Alexander McQueen（亚历山大·麦昆）被认为是英国的时尚教父。他的设计作品充满天马行空的创意，常常以狂野的方式表达情感力量。在 Alexander McQueen 品牌的 2010/2011 秋冬男装成衣系列中，设计师将图腾沿用到了男装上，使原本深沉的男装充满原始野性的生机。灰色以及蛇皮纹成为 Alexander McQueen 当季男装最主要的两个元素。骷髅头图案被用于针织毛衫中，配合蛇皮纹、包头装、口罩、手套等，个性化的男装面料加上细节的处理，让 Alexander McQueen 男装依旧神秘而充满个性。Sarah Burton 是继麦昆之后 Alexander McQueen 品牌的设计师，其设计的华丽的帝政式军装风格，高高竖起的衣领、系带短靴、黑色皮手套，火枪手般的造型将勇者气概完美展现。超长风衣与大翻领打造出 A 字形强势廓型。加长版西装上衣将男士们的身形衬托得更加瘦削，显得尤为独特，有几分贵族风采。其代表款式实例见图 5-2-3，材料分析见表 5-2-3。

图 5-2-3 Alexander McQueen 品牌前卫风格男装作品

表 5-2-3 Alexander McQueen 品牌男装材料分析表

品牌名 / 款式图	Alexander McQueen/ 图 5-2-3
材料特征分析	内层的衬衫和 T 恤多为棉、再生纤维素类纤维等舒适度好的材料，针织类紧身面料含有弹性纤维。针织毛衫为羊毛或羊毛 / 腈纶混纺类材料。西装及风衣为精纺毛呢类纯纺或混纺面料。裤装为粗纺、精纺毛呢类或者合纤类面料以及皮革材料。衣领用人造长毛绒。根据面料风格和服装款式的不同，选择相适合的金属、树脂、塑料纽扣及裤钩等配件，并搭配皮带与皮手套。

图 5-2-3 中服
装涉及的部分
面料及辅料分
析

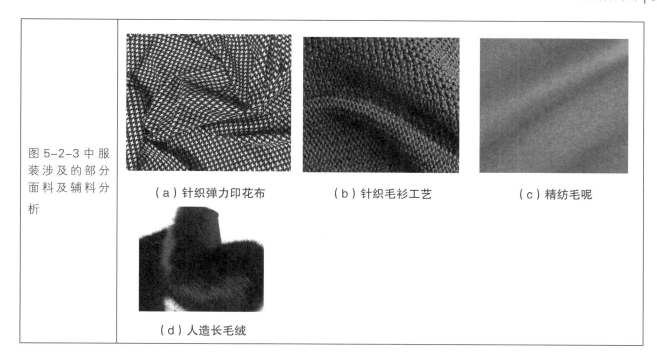

（a）针织弹力印花布　　（b）针织毛衫工艺　　（c）精纺毛呢

（d）人造长毛绒

四、Robert Geller

Robert Geller(罗伯特·盖勒)出生于德国汉堡,于2009年获得美国时装设计师协会男装设计师大奖,2010年再度获得年度男装设计师提名,堪称国际男装设计界冉冉上升的明星。2006年,Robert Geller创立了自己的品牌。Robert Geller 男装强调流畅、清晰的轮廓线条,将庄重的暗色调与深红、墨蓝等浓重色彩组合,融合军装风格的刚毅利落与摇滚风格的狂野不羁,烘托出年轻男性的硬朗气质。在他的设计中,以宽边软檐帽,宽松、褶皱的萝卜裤以及粗纺运动服著称。同时,外套的搭配有着十分强烈的层次感。 其代表款式实例见图 5-2-4,材料分析见表 5-2-4。

图 5-2-4 Robert Geller 前卫风格男装作品

表 5-2-4 Robert Geller 品牌男装材料分析表

品牌名 / 款式图	Robert Geller/ 图 5-2-4
材料特征分析	精纺毛呢类纯纺或混纺面料外套及裤装，皮革夹克与紧身裤，搭配呢帽、皮手套、羊毛围巾，凸显男性硬朗气质。选择金属、树脂材质纽扣，金属裤钩，合纤或其混纺里布。
图 5-2-4 中服装涉及的部分面料及配饰分析	（a）精纺毛呢　　（b）皮革　　（c）羊毛围巾

五、 JUUN. J

　　韩国时装设计师郑旭俊（Jung Wook Jun）在 1999 年被《Asia Times》选为 4 名韩国国内顶级设计师之一。他在 2007 年正式成立品牌 JUUN. J，并进军巴黎时装舞台。在 JUUN. J 的系列中有 70% 的产品采用羊毛织物面料。郑旭俊不单使用羊毛面料做大衣外套，甚至把羊毛面料用于慢跑裤（束脚口裤）、飞行夹克外套等街头物品，为街头造型注入奢华感。他的作品有：以重组风衣为概念设计出的有着马甲般腰封的高腰裤；袖子宛若水袖的外套；在军装外套、飞行员夹克上加入了夸张的肩部线条；大量的动物图案印花夹克；时髦的剪裁利落的窄口裤裤子；还有建筑感十足的紧身大衣和与皮革混搭的西装外套。其代表款式实例见图 5-2-5，材料分析见表 5-2-5。

图 5-2-5（1）　Juun. J 前卫风格男装作品

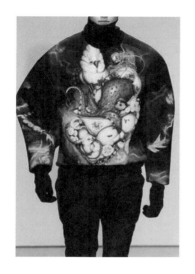 

图 5-2-5（2）Juun. J 前卫风格男装作品

表 5-2-5 Juun.J 品牌男装材料分析表

品牌名 / 款式图	Juun. J / 图 5-2-5
材料特征分析	粗纺、精纺毛呢类纯纺或混纺面料大衣外套，搭配皮革材料西装，合成纤维数码印花面料，彰显华贵。大衣外套搭配金属、树脂拉链及纽扣，合成纤维及其混纺里布。搭配皮靴、皮手套，时髦帅气。
图 5-2-5 中服装涉及的部分面料及辅料分析	（a）粗纺毛呢　　（b）精纺毛呢　　（c）数码印花面料　　（d）金属拉链

第三节 个性、前卫风格男装材料的未来发展

　　客观地讲，个性、前卫风格男装的设计理念和手法在某种程度上对当代男装的发展起到了较大推动作用。随着社会的进步与经济的发展，人们对个性、前卫风格男装的需求与日俱增，其将成为男装发展的主流。

一、 个性、前卫风格男装将成为男装发展主流

　　个性、前卫风格男装满足了现代社会对于男装需求的总趋势。当今人们已不再固执于传统的正装情结，越来越多的男性消费者迫切需要个性化和前卫、时尚元素的包装。基于对这种消费需求的理解和对男性时尚的深刻剖析，个性、前卫风格男装在近年的男装市场上被越来越多的消费者理解和接受。

　　男装的定位正在进入一个差异化、专业化、人性化的时代。个性、前卫风格男装设计注重原创，以另类个性的设计风格抓住了现代都市年轻人追求心灵自由、年轻张扬的内心需求，以"中性、时尚、前卫、

怪诞、张扬、个性"等为中心在男装市场竞争中表现出差异化的优势，填补了传统男装所无法占领的领域，成为核心竞争力。

此外，这是一个创意与设计决定未来的时代。个性、前卫风格男装追求极致的个性、深度的张扬，专门为标榜特立独行、崇尚极致生活、追求时尚，以及充满激情、智慧、感性、健康年轻的新男人而量身打造。为满足这个消费群体的个性化、多样化需求，个性、前卫男装品牌不得不抓住设计这个核心点，积极组建优秀的设计师团队，为打破市场产品同质化、风格单一化现象而努力，成为男装流行的急先锋。

二、 个性、前卫风格男装设计对男装材料创新的要求

男装材料的选用涵盖的范围十分宽广，从天然纤维到合成纤维，从色织物到印花织物，从纤维面料到皮革，从平面到立体，无不体现了设计师为了主题凸现、风格呈现的良苦用心。随着国内外男装消费者对于个性、前卫风格男装的需求日益提高，男装设计对于男装材料也从设计与技术上提出了新要求。

首先，个性、前卫的男装设计要求男装材料的创新越来越多样化、个性化。男装设计师的目光开始转向男装材料，通过男装材料的再设计来体现男装的个性，这也使得男装材料从科技创新向艺术创新转变。男装材料在色彩上标新立异，在图案上日益个性化、抽象化、艺术化，利用高科技电脑数码印花与面料设计相结合，在细节上大胆地运用对传统面料进行破坏、重组等的面料再造手法，在款式上则突破常规，将不同材料的特点灵活运用，甚至有的男装设计师大量引入非服用材料，将其与服用材料相结合，求得前卫、独特的视觉效果。从男装材料设计本身而言，设计师已经突破了面料二维、三维的界限，将平面与立体的视觉设计融于男装材料设计创新中。

其次，个性、前卫的男装设计要求男装材料的技术含量不断提高。当代社会是科技高度发达的时代，信息与知识的更新速度之快前所未有。男装设计仅从款式、造型、色彩、图案上创新已经无法满足人们对男装的新需求与新渴望，无法满足人们体现自我个性的需要，因此，个性、前卫风格的男装的设计创新还依赖于男装材料技术的创新与发展，体现在对传统材料的设计创新、服装面料上的反传统理念创新以及在科技发展基础上新生的材料。新一代的男装材料具有更强的表现力、科技性和功能性，体现了新视觉、新功能及新理念。

第六章 高科技、未来主义风格男装材料分析

如果把男装时尚历史的发展比喻成一条长河的话，那么国际大牌男装设计师的每一次新灵感所迸发出的新设计，就如同茫茫长河中的一朵朵浪花，而推动这条长河流向更新更远方向的核心动力是新的高科技面料的不断推陈出新。高科技材料伴随着男性时尚生活状态的转变，将现代男装设计推向未来。环保、健康和时尚的时代要求，伴随男性生活状态的改变，要求 21 世纪的男装面料应是高科技与现代艺术结合的产物，这使得高科技、未来主义风格的男装不断涌现在时尚舞台上。

2001 年当日本一位设计师在中国国际时装周中第一次带来用牛奶纤维面料设计的腾云驾雾般的时装时，人们开始意识到曾经喜爱的沉重的呢子大衣、硬质衬衫领即将远去，伴随而来的是琳琅满目的高科技面料。这些新材料不仅具有天然纤维的舒适透气性和合成纤维不易起皱变形的特点，同时还具有抗菌、防臭、防静电、防辐射等多种功能性。

第一节 20 世纪 60 年代的高科技、未来主义风格时装材料

20 世纪 60 年代，当全世界都在注视着巨型火箭将人类送上太空时，这种奇迹也掀起了现实世界中一场关注太空与航天技术的热潮。敏感的时尚界大师们开始了其找寻灵感的外太空探索之旅。于是，高科技、未来主义伴随着人们对太空、宇航的神往成为时尚界的主流。在航空宇航热的背景下，以宇航为主题的极简主义设计风格应运而生。设计师 André Courrèges（安德烈·库雷热）、Pierre Cardin（皮尔·卡丹）、Paco Rabanne（帕克·拉邦纳）等成为了时装界"未来主义"潮派的鼻祖。头盔般的沙宣头、闪烁着金属光泽的面料、透明塑胶 PVC、贴身的皮革等成为 60 年代未来主义的标志。

一、André Courrèges

未来主义时装之父法国设计师 André Courrèges（安德烈·库雷热）原创的"太空时代"时装（图 6-1-1），大胆地采用新型材料和设计元素，创造出充满视觉冲击力且具有太空效应的未来主义。其中，塑胶、皮质高靴，金属色泽，夸张轮廓，鲜亮色块，以钢盔为灵感设计的钟形帽，奇异的宇航员眼镜等成为库雷热的未来主义风格经典元素。库雷热从宇航服的头盔造型获得灵感，让模特戴上体积膨大的帽饰，穿上迷你喇叭裙和有塑料气孔的衣服，这一系列的设计直接带动了白色和银色成为当季的主导颜色以及太空装 Space Look 的潮流（图 6-1-2）。

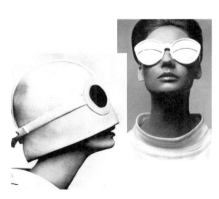 

图 6-1-1 安德烈·库雷热"太空时代"时装　　　图 6-1-2 安德烈·库雷热未来主义时装

二、Pierre Cardin

曾经宣扬自己将在月球上设立一间品牌专卖店的意大利设计师 Pierre Cardin 也是未来主义风格的先导，这位享誉全球的设计师，是个不折不扣的未来主义痴迷者。"冷战时期"的年轻人更愿意去相信"乌托邦"的存在。卡丹先生的设计正迎合了年轻人这个梦想，鲜明单纯的色彩、简洁的剪裁、漂浮的状态、几何元素，是当时 Pierre Cardin 设计给人最强烈的印象，夸张的头盔成为当时最为时髦的装扮（图6-1-3）。紧身弹力面料、塑胶、皮革等被广泛运用在其设计中。

图 6-1-3 Pierre Cardin 的未来主义时装

三、Paco Rabanne

Paco Rabanne 是一位才华横溢的西班牙设计师，钟爱于未来主义风格服装。他善于运用特殊材料，如塑料、皮革、毛皮、激光唱片、各类型金属等，来创造出一种与众不同的潮流。在影片《太空英雄Barbarella》中，演员身着 Paco Rabanne 设计的未来主义风格的服装亮相（图6-1-4），引起了轰动。

图 6-1-4 Paco Rabanne 的未来主义时装

第二节 高科技、未来主义风格男装材料的流行背景

随着经济的发展与社会的变革，男性生活状态正发生着诸多变化。一方面，男人不再是家庭经济的唯一支柱，妇女也开始走出传统家庭。男性在面临工作压力的同时，开始回归家庭寻求温暖。另一方面，男性开始从对物质的满足走向对精神享受的需求，如到电影院、剧院、音乐厅和体育馆去进行文化娱乐活动，或者参与登山、旅游、运动等排解压力的活动。

现代男性生活状态的转变影响着男装的流行，这使得男装从正式职业装款式走向生活化休闲化，在材料上则更加追求舒适、自由且轻薄的高科技面料，设计上的随意加上精致的细节以及高科技的面料，使得男性阳刚之余的阴柔之美得以体现。来自社会与家庭工作的压力，使得半正式的休闲男装成为上班族的所爱，男人们渴望一天的工作是轻松愉快的。穿着活力十足的运动鞋、或文艺随性的绣花帆布鞋、或传统风格的牛津鞋的男士们，身着由高科技面料做成的男装，彰显着现代男性的生活状态与生活品质。

比如近两年来，男装市场上开始出现了许多图案印花，在成熟稳重的色彩中加入了花俏的格子元素，这使得年轻男性产品成为主推。而对于成熟男性而言，渴望更加年轻的心态以及绚丽的色彩是对不明朗的经济前景发出的一种反抗之声。男装中的印花长裤，也可以与衬衫和西服正装、毛呢外套搭配，可完全胜任工作场合的穿搭要求，而作为搭配的点睛之笔，规则而均匀分布的印花图案也并不会高调地抢去其他单品的风头。

在情感上对温暖舒适生活状态的向往，款式上对正襟危坐的男装的挑衅，面料上的高科技材料与自然的天然纤维的结合，色彩上的印花面料，金属色泽与亚光面料的互衬，加之细节上对完美不遗余力的追求，共同诠释着当代男装未来主义潮流的新风向。

第三节 高科技、未来主义风格表现突出的品牌男装材料分析

一、Burberry Prorsum

英国奢侈品品牌 Burberry Prorsum（博柏利·珀松）被誉为"能够让人一生永不落伍"的男装品牌，深受英国皇室的推崇。2013 年在高科技未来主义的思潮下，Burberry Prorsum 的男装开始了一场时空大穿越。大量醒目、前卫甚至耀眼的金属色，带人们进入了科幻感十足的外太空。Burberry Prorsum 的经典斜纹面料，棉质印花衬衫，加上高明度、高纯度的带有金属质感的亮色面料，以及衬衫中精致的小领细节，让人们耳目一新。穿着这类服装的模特们仿佛来自地球以外的另一个世界，个性感十足，充满着高科技与未来主义的韵味。其代表款式实例见图 6-3-1，材料分析见表 6-3-1。

图 6-3-1 Burberry Prorsum 的未来主义风格的男装作品

表 6-3-1 Burberry Prorsum 品牌男装材料分析

品牌名 / 款式图	Burberry Prorsum/ 图 6-3-1
材料特征分析	衬衫为棉质印花面料，柔软舒适，印花图案凸显个性化设计。裤装、风衣、夹克及内搭选择具有金属质感与光泽的面料，彰显科幻感。采用经典的棉质风衣面料和精纺毛西服面料。搭配树脂纽扣、拉链，金属裤钩，西装内配化纤里布。
图 6-3-1 中服装涉及的部分面料分析	（a）金属质感面料　　（b）棉斜纹布　　（c）精纺毛呢 （d）棉质印花面料

二、Gareth Pugh

英国设计师 Gareth Pugh（加勒斯·普）的设计理念充满了隐喻和象征，他将各种风格截然不同的元素混合在设计作品中，使其处处充满矛盾对立的关系，给人丰富的视觉享受。Gareth Pugh 2011 秋冬秀场上"黑武士"一般的哥特式造型，带着十足的未来感。其采用闪光的不锈钢材料制作的盔甲，印有充满空间感的数码图案的长裙，都是独一无二的面向未来的设计。此后，镂空条纹成为设计上的新突破，这种看似盔甲的结构让人联想到外星球的科幻电影，充满高科技感与未来主义。设计师灵活地使用了黑和白两种色调，用条纹与网格共同架构出强烈的超级科幻前卫的未来主义风格。其代表款式实例见图 6-3-2，材料分析见表 6-3-2。

图 6-3-2 Gareth Pugh 的未来主义风格的男装作品

表 6-3-2 Gareth Pugh 品牌男装材料分析表

品牌名 / 款式图	Gareth Pugh/ 图 6-3-2
材料特征分析	闪光不锈钢材质，人造皮革盔甲，可塑性很强的合成纤维材质，具有飘逸感的上衣及裤装，以及立体镂空、条格印花图案，尽显科幻前卫风格。
图 6-3-2 中服装涉及的部分面料分析	（a）尼龙钢丝面料　　（b）人造皮革　　（c）镂空面料 （d）条格印花面料

三、Givenchy

20 世纪 60 年代，Givenchy（纪梵希）是优雅高档时装的代名词。纪梵希的男装尤其注重面料的选择，常常选用一流的优质面料，且制作品质考究。在历任设计师的创新下，纪梵希逐渐突破优雅的传统，加入独特的个性化元素。2013 年，设计师 Riccardo Tisci 让印花图案掀起狂潮，所不同的是，他结束了以往对动物、神母画像图案的钟爱，转而采用高科技感的印花与前卫的横条纹相结合的方式，以各种磁带、录音机的图案原型与新式条纹大胆混合，充满的忙碌版画风格，描绘了原始的技术。款式上以夹克卫衣、背心、短裤为主，白色长款大衣为满场疯狂而燥热的印花条纹带来一分凉意。如此丰富多变的元素搭配鲜艳夺目色彩，令纪梵希男装轰动一时。其代表款式实例见图 6-3-3，材料分析见表 6-3-3。

图 6-3-3 Givenchy 的未来主义风格的男装作品

表 6-3-3 Givenchy 品牌男装材料分析表

品牌名/款式图	Givenchy/图 6-3-3
材料特征分析	上衣为合成纤维材质的数码印花面料，重量轻，弹性好，保型性好。裤装采用弹性纤维材质与针织工艺，与上装完美融合为一整体。大衣为锦纶或锦棉混纺面料。辅料包括纽扣、抽绳、松紧带。
图 6-3-3 中服装涉及的部分面料分析	 （此处为面料图） （a）尼龙绸　　　　　（b）弹力数码印花面料

四、Dolce & Gabbana

Dolce & Gabbana（杜嘉班纳）取自两位意大利设计师的名字——Domenico Dolce（杜梅尼科·多尔奇）和 Stefano Gabbana（斯蒂芬诺·嘉班纳）。两位设计师曾经在 2007 年"吹"过一场惊羡一时的高科技未来主义之风。在其 2007 年的米兰男装周发布会上，模特们身着白色或银色太空服般的休闲装出场，引起了时尚界的惊羡。张扬的金属色、外太空的银灰色与白色等频频出现在 Dolce & Gabbana 的男装中，银色太空服般的休闲装与细领带，都在反叛着传统的搭配原则。Dolce & Gabbana 的高科技面料所体现出的高端品味与宇航服般的休闲气质融合在一起，充满了未来主义感。其代表款式实例见图 6-3-4，材料分析见表 6-3-4。

图 6-3-4 Dolce & Gabbana 的未来主义风格的男装作品

表 6-3-4 Dolce & Gabbana 品牌男装材料分析表

品牌名 / 款式图	Dolce & Gabbana/ 图 6-3-4
材料特征分析	采用合成纤维材质的面料，银色或者金属色，结合絮填衬料及化纤里料，实现具有宇航服般宽松、厚重廓型风格的休闲装，内搭棉材质衬衫。纽扣、拉链、搭扣、抽绳兼具功能性与装饰性。
图 6-3-4 中服装涉及的部分面料及辅料分析	（a）金属色闪光面料　　（b）多孔涤纶填充絮料　　（c）搭扣　　（d）金属拉链

五、JUUN. J

韩国设计师 JUUN. J（郑旭俊）是当今具国际水准的一位韩国设计师。JUUN. J 将夸张诡异的线条轮廓与拼接结合，用各种超大码的廓型加上厚实的结构打造出视觉效果上的强烈冲击感。运用不同材质增加了服装的质感，还借用 Alex and Felix 的创意摄影作品作为服装上的印花图案，再加上复古风格极强的帽子，这种融合时尚的个性语言与高科技的面料设计，以及塑造的别具一格的风格服饰形象，让人们领略到未来主义的气息。其代表款式实例见图 6-3-5，材料分析见表 6-3-5。

图 6-3-5 JUUN.J 的未来主义风格的男装作品

表 6-3-5 JUUN.J 品牌男装材料分析表

品牌名 / 款式图	JUUN. J/ 图 6-3-5			
面料特征分析	合成纤维材质的长款大尺寸风衣外套，闪光面料、粗纺呢绒面料搭配填充絮料的厚实棉服，合成纤维材质数码印花面料套头衫，搭配呢帽，凸显未来主义风格。搭配化纤里布，树脂拉链、纽扣、金属裤钩。			
图 6-3-5 中服装涉及的部分面料及配饰分析	（a）闪光面料	（b）粗纺呢绒	（c）印花面料	（d）呢帽

第四节 男装材料向高科技、未来主义风格方向发展

一、高科技、未来主义风格的男装面料

伴随着服装时尚业的快速发展，具有未来主义的高科技和创意结合的面料，与男装设计相融合，赋予了男装新的视觉感受与特殊功能。设计师与纺织科技工作者们不断协作，围绕着人的健康、舒适以及对生态环境的保护而不断开发着新产品，男装材料不断向高科技、未来主义、功能化发展。一方面，技术的发展与边缘学科的交叉使得功能性面料得以迅速兴起；另一方面，科技与设计的高度融合给男装面料发展带来更广阔的空间。

（一）高科技面料

市场上比较常见的高科技面料主要是具有特殊功能及外观效果的面料，如具有良好防水、透气性的防水织物，制作阻燃防护服用的阻燃面料，制作舞台装、交通服等的可以随光、热、压力等的变化而变色的面料，制作防尘服等的抗静电面料，具有抑制细菌繁殖的抗菌除臭面料，能够给穿着者带来轻松愉快感的香味面料，以及用于男装运动服的保湿面料和紫外线屏蔽面料等。这些具有功能性的面料将成为人类工作生活中的助手。

另一类是高感性面料。譬如：采用超细、异收缩、混纤丝生产且超过真丝丰满感的重磅真丝类面料，其蓬松程度可根据收缩差异大小而任意改变，人们把这种面料称为超蓬松高感性面料；还有丝鸣高感性面料，这是为模仿真丝织物在穿着过程中因摩擦发出的"丝鸣"声而制成的合成纤维。

此外，常用于服装中的还有一些其他特殊外观的高科技面料，如免烫抗皱面料、涂层砂洗面料、凉爽羊毛、桃皮绒等。其中最为流行的要数涂层砂洗面料，它是在真丝面料上涂上一层颜色，被制成服装后再砂洗。砂洗后的面料具有柔软、飘逸感强、色泽柔和的特点，是青年设计师极其喜爱的面料。免烫抗皱面料是一种采用特殊树脂或液氨整理剂进行整理而使服装形态尺寸稳定，且洗后褶皱线条保持不变的记忆型面料。凉爽羊毛则是对羊毛面料进行后处理，使羊毛纤维表面鳞片刻蚀，进而提高和改进羊毛

的透湿透气性及手感光泽，适合夏季贴身穿用。常用来做西装套裙、夹克、风衣及休闲和轻便装的桃皮绒，则是采用超细纤维制得的表面浮有细、短、密绒毛，形似水蜜桃表皮的织物，其色彩鲜艳，不仅有真丝绒的柔软感和透湿性能，还具有化纤的挺括、免烫特点。

　　面料技术的不断创新与发展，推动了现代男装设计的发展。在纺织结构中加入电子元件和设备的功能性纺织品的研究，已经进行多年。电子和纺织加工企业一直在努力制造可穿戴的电子产品，并准备把它应用在从纯医学到游戏的一系列领域中，从而真正地做到科技改变生活。譬如：可以测出穿衣者心跳频率的智能背心；太阳能比基尼，穿着这个比基尼只需在海滩晒两小时的太阳就可以给 ipod 充满电；电子滑雪外套，具备全套娱乐设备，按一下袖子上的按钮就可以收听音乐或拨打电话。这些发明都是利用了电子学科与纺织学科的交叉所带来的新的创新发明。据报道，美国科学家在研究一种"肌肉服装"，该服装利用肌肉的收缩与扩张原理，可以使穿上它的人力量大大增强，不仅越障能力增强，还能跳跃超出常人的高度。还有著名的被称为"牛奶丝"的牛奶面料，它是由高浓缩的牛奶酪蛋白制成，也是完全不含化学成分的人造纤维，这种"牛奶丝"布料感觉像丝绸，没有味道，洗涤也没有特殊要求。纯天然的"牛奶丝"布料是生态纺织品，环保且有利于健康，具有抗菌、抗衰老功效，有助于改善血液循环、调节体温。

　　各种高科技面料见图 6-4-1 至图 6-4-9。

图 6-4-1 防水透气面料　　图 6-4-2 阻燃面料　　图 6-4-3 变色面料

图 6-4-4 抗静电面料　　图 6-4-5 抗菌除臭面料　　图 6-4-6 砂洗真丝面料

图 6-4-7 免烫抗皱面料　　图 6-4-8 桃皮绒　　图 6-4-9 牛奶丝面料

现在人们想借助科技的手段打造真正安全、环保的高科技面料，这些高科技面料能减少对环境的污染。一些时尚品牌正致力于开发出一种用植物做成的皮革面料，例如用菠萝叶纤维制成的天然皮革替代品就是成功的例子。用机器把菠萝叶子里的长纤维抽取出来，经过压缩和加工处理后，用它制成的皮革制品比以往任何类型的人造皮革质量都要好，触感上也更接近真正的天然皮革，并且节约了不少成本。实验室培养皿里的酵母菌也被用来生产皮革替代品。这些酵母菌经过基因改良后能够产生胶原蛋白——这种蛋白质是动物皮肤组织的重要组成部分，被挤压成片状后再可经绿色无害的鞣革工艺制成需要的皮革替代品。其全部生产过程是可控的，因此还能根据客户的要求定制皮革的重量、质感等特性。未来人们利用干细胞生成人造毛、人造丝织品也不再是只存在于书本上的想法，高科技面料或许将为服装产业乃至时尚行业的未来带来新的变革。

高科技面料在个性化男装中的应用还将在第八章第二节中进一步介绍。

（二）艺术设计与高科技结合的创新面料

在现代时尚男装中，很多高科技的面料性能都得到了综合的改良，加上每一季度的流行与主题发布，艺术创意结合高科技面料，能显示出品牌的高品位与独特魅力。一方面，纺织技术的不断飞跃发展，使得各种新型的高科技功能性面料不断问世，纺织面料技术的发展呼唤艺术设计能够在设计上提升材料本身的美感与艺术水准。另一方面，将现代艺术设计或传统手工艺术应用于高科技面料中进行创新突破，已经成为国际服装设计大师们的核心要求，设计师们已经不只满足于高科技面料本身的功能性标准，这些面料本身的质感、触感、外观肌理、色彩图案等直接关乎着设计作品的最终效果。

在男装设计中使用频率最高的面料创意与面料技术结合的技巧当属以下几种：

（1）时尚与高科技数码印花技术融为一体。数码印花作为一种高科技印花工艺技术，具有色彩丰富、过渡自然平滑、无套色数限制、印制层次流畅、有照相格调等特点，可以帮助设计师生产出复杂度和精细度都比较高的图案，以满足设计创新。用于数码印花的面料多选用舒适、悬垂性好的真丝缎纹面料，图案以不规则的几何图形、花卉为主，线条细腻，色彩明快、亮丽、色调丰富，动感和层次感强，具有强烈的时代气息与艺术氛围。一些渲染效果与水墨画的感觉也可以用数码印花来实现。设计师们根据确定的主题进行设计，但不是所有的设计都能在市场中找到合适的材料。因此，为了能获得表达设计构思的最佳材料，大牌设计师都在高科技面料的设计与后期处理上花费了大量的时间，而且有些高科技的艺术面料是科学技术与纯手工相结合的。在面料从二维到三维的空间设计中，数码印花能帮助在二维的空间中塑造出三维的艺术效果，这让设计师欣喜若狂。

在国际品牌作品中使用数码印花技术的可谓比比皆是，比如著名设计鬼才亚历山大·马克奎恩于2010年的海底迷幻专场中的高级时装作品，就采用了电脑数码印花技术制作神秘诡异的骷髅头和海底迷幻的抽象图案，取得了惊人的艺术效果（图6-4-10）。

图 6-4-10 Lee Alexander McQueen 品牌的电脑数码印花时装

时尚数码印花与传统的拔染印花、压褶、扎染等技术结合，更是为许多国内设计师所喜爱。中国设计师祁刚于2009年中国时装周中的"天色"春夏专场发布会中的男装作品，就大量采用了电脑数码印花技术制作创意面料，并为设计师赢得了当年的国内十佳服装设计师第一名。设计师运用水墨画的感觉，结合丝绸、棉麻、精纺羊毛类、蕾丝以及高科技面料，以及提花印染、刺绣、珠绣、面料再造肌理等，设计出具有中国独特神韵的艺术作品。男装中的丝绸水墨印染的效果体现了设计者纵情于山水之间的情怀。

（2）时尚与先进的制造技术融为一体。包括利用不同纤维的色光差异制作的提花面料，利用表里经纬纱线的纤度、颜色、收缩率的不同，结合表里换层双层组织，织出绚丽多彩、有收缩效应的面料，还有利用弹力纤维的优良弹性和热收缩性，结合表里接结双层组织，织出弹性好、悬垂性优、有特殊褶皱肌理效果的面料。

（3）时尚与先进的后整理技术融为一体。通过服装的艺术染印、镂空、静电植绒、拔染印花、涂料染印等后整理技术可以开发出艺术感强、立体效果佳的时尚面料。国际时尚面料大师三宅一生就钟爱于这种技术设计制作面料（图6-4-11、图6-4-12），成为著名的"一生褶"的代言人。

此外，韩国设计师品牌JUUN J.的设计师喜欢将经典颠覆，把街头素材与高级材质相结合，如图6-4-13作品中的高科技面料的设计就是利用色彩图案的设计带给了人迷幻空间的感觉。

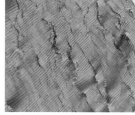

图6-4-12 三宅一生褶皱

图6-4-13 JUUN. J 作品中的色彩图案

图6-4-11 三宅一生的作品

二、现代男装向高科技、未来主义风格方向发展

男装品牌的设计师们正不遗余力地将时尚创意与高科技融合在一起。在国内外的诸多男装品牌中，常常可以看到一些外观时尚个性，材料功能独树一帜，集设计创意与功能为一体的优秀设计作品。轻薄风衣保暖胜过羽绒服，休闲夹克能做到百折不皱，时尚男裤完全不沾油污，这样的高科技品质与高端的设计理念相结合，塑造着无与伦比的男性气质。毫无疑问，现代男装在形式日益多样化的同时，正向着高科技、未来主义方向迈进。品牌理念下的作品，与众不同的创意与作品内在面料的高科技含量决定着男装品牌的品质、档次与水准。

极端主义设计师Nicolas Ghesquiere的设计喜欢将高科技的新颖面料和高级手工定制的剪裁艺术相结合，强调独特的视觉感受和奢华体验。比如融入高科技的波西米亚风情，雌雄同体效果的未来战士造型，打满铆孔的皮腰带和荧光色的机车靴，亦或是他所建立的未来世界 IT 公司，都充满着高科技与未来主义的感觉，其视觉效果惊艳。Bottega Veneta 则喜欢汲取工业设计的灵感，同时也轻巧地传递着社会进步科技化外，人们想回归追求自然的另一面。从"回归自然"与"科技感"这两个相反相成的概念中，可以看出其作品中的冲突与融合、矛盾对立，以及过去与未来等多元概念融合的元素。此外，Giorgio Armani，Burberry Prorsum，Dolce&Gabbana，Roberto Cavalli，Gareth Pugh 等各大品牌的男装都在设计师的高科技与未来主义意识带动下，推出了具有未来主义风格的男装。

在时尚流行的领域，设计在流行的浪花中反复前行，在永无止境的创新中突破，无论款式和色彩都在不断地处于流行的循环中，跌宕起伏。在设计的多因素中，有一个因素是永远都不可能回到原点的，那就是面料技术。高科技面料技术的不断向前发展，是服装设计尤其是男装设计的重要推动力。而不同设计师的不同人生经历、个性爱好，决定了男装设计中设计的多元化风格。高科技面料决定着现代男装的内在特质，使得现代男装向着高科技、未来主义以及个性化的方向发展。

第七章 部分国际品牌男装材料解读

第一节 Giorgio Armani 品牌的典型男装材料解读

一、Giorgio Armani 品牌及风格

创始人：Giorgio Armani（乔治·阿玛尼）。

发源地：意大利。

产品线：男装，女装，鞋靴，配饰，腕表，眼镜，珠宝，香水，彩妆。

品牌风格：中性、优雅含蓄、简洁而注重细节，做工考究。

二、Giorgio Armani 品牌的典型男装材料分析

Armani 男装既不性感也不算惹眼的设计，符合了男人喜欢呈现自我深层内涵的心理，魅力不在表层上是它的首张王牌。其工艺和面料质地上展现出的一流品质和流行性得到全世界多数男人的青睐，是另一张王牌。虽然 Armani 的每一件服装都堪称精品，但也具有广泛的可配套性，其单件服装可任意搭配成为它的第三张王牌。

中性的无色彩系一直都是 Armani 的代表色，这是由于受到美国画家雷哈迪（Ad Reinhardt）和罗斯科（Mark Rothko）的影响。其中，雷哈迪的单一色彩启发 Armani 利用不同色彩本身的亮度和纯度来表达时装的效果。他擅长利用颜色随着衣着的摆动而产生不同感官效果，凭借不同层次的薄纱质感服装，借由对比的效果来衬托底层的颜色，由此除了丰富极简主义的视觉外，还满足了触觉的享受。Armani 男装中运用了大量易于搭配的灰色，如蓝灰色休闲西装、银灰色长风衣、浅灰色针织、灰绿色丝绒，加上多变的格纹、条纹穿插搭配。如此低调而有品位的色调衬托出男士儒雅、成熟、淡定的气质。其代表款式实例见图 7-1-1，材料分析见表 7-1-1。

图 7-1-1 Armani 灰色系男装作品　　　　　图 7-1-2 Emporio Armani 男装作品

　　与 Giorgio Armani 男装所不同的是，在 Emporio Armani（安普里奥·阿玛尼）男装中运用大量的皮革元素，选用龟裂纹机车皮衣，搭配一条"奴隶链条"，为 Emporio Armani 男孩带来更多冷酷感与咄咄逼人的硬朗气质。同时，选用独特纹理的灰色西装，加入现代的贴身剪裁，彰显 Emporio Armani 独特精致与华美的一面。其代表款式实例见图 7-1-2，材料分析见表 7-1-2。

表 7-1-1 Armani 灰色系男装材料分析表

品牌名/款式图	Armani/图 7-1-1
材料特征分析	衬衫及内搭为棉质面料，柔软舒适。风衣选择具有金属光泽的合成纤维及其混纺面料，如金属镀膜织物、闪光涂层织物。西服套装采用经典精纺毛及毛混纺面料，宾霸里布、树脂四眼扣，搭配皮手套、公文包配饰，尽显男人成熟气质。
图 7-1-1 中服装涉及的部分材料及配饰分析	 （a）金属光泽面料 　（b）色织精纺毛呢 　（c）树脂四眼纽扣 　（d）皮手套

表 7-1-2 Emporio Armani 的男装材料分析表

品牌名/款式图	Emporio Armani/图 7-1-2
材料特征分析	具有龟裂纹外观效果的真皮或合成皮革材质套装，色条纹理效果的印花仿真丝光泽西服套装，搭配树脂拉链、纽扣，项链，短皮靴，尽显冷酷硬朗气质。
图 7-1-2 中服装涉及的部分材料及配饰分析	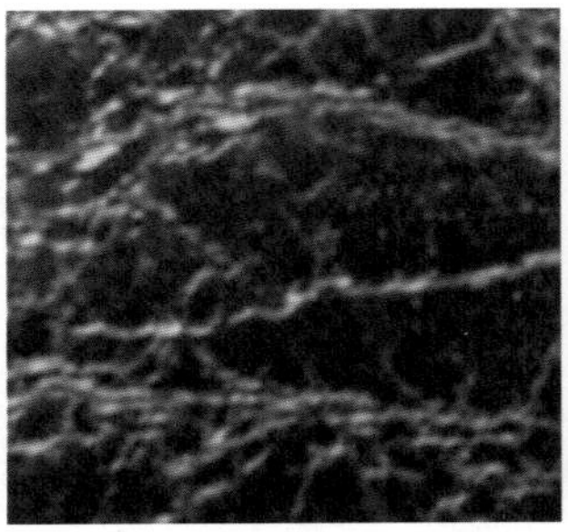 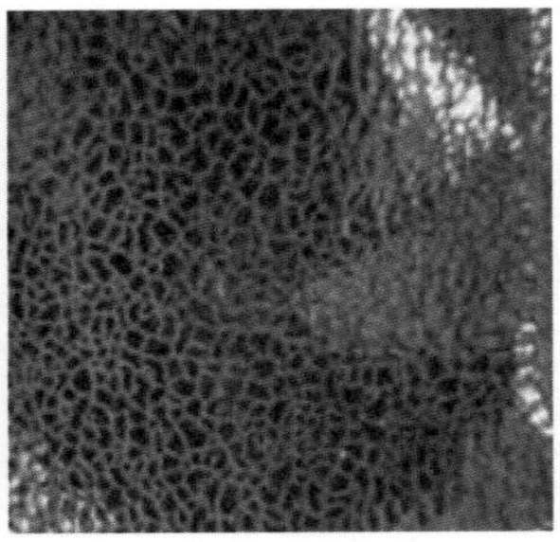 （a）龟裂纹皮革　（b）仿真丝亮光面料 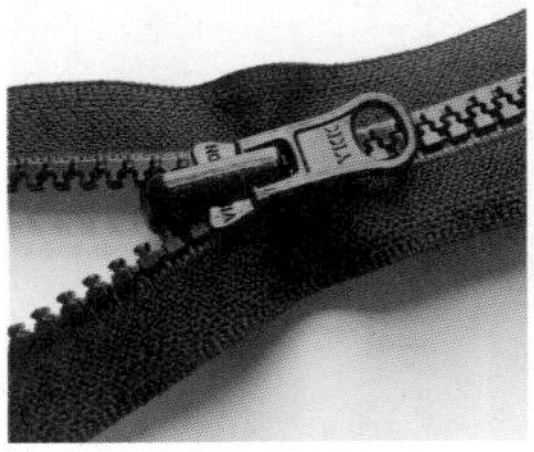　（c）树脂拉链 　（d）短皮靴 　（e）项链

第二节 Dolce & Gabbana 品牌的典型男装材料解读

一、Dolce & Gabbana 品牌及风格

创始人：Domenico Dolce（杜梅尼科·多尔奇）和 Stefano Gabbana（斯蒂芬诺·嘉班纳）。

发源地：意大利。

产品线：女装，男装，内衣泳装，香水，配饰，皮具，手表，眼镜。

品牌风格：奢华、性感、夸耀。

二、Dolce & Gabbana 品牌的典型男装材料分析

就目前男装风格而言，意大利奢华品牌 Dolce & Gabbana（杜嘉班纳）已经将更多的离经叛道收敛到内在气质的表现中。Dolce & Gabbana 把男装设计重点放在面料、材质和结构比例上。人造毛皮、透明纱料、皮革等饰品，都可能出现在 Dolce & Gabbana 的男装里。Dolce & Gabbana 的设计师让色彩成为男装的主角，为长久沉浸于灰色里的男装带来无比惊喜。

Dolce & Gabbana 男装将 20 世纪 70 年代早期的古典华丽感融入到低调而年轻化的装扮中，把休闲而优雅的西西里风情体现得淋漓尽致。灰色的千鸟格纹衬衫拼接白色的下摆与袖口，细细的黑色背带吊着松垮的休闲放松的锥形西裤，配上窄檐礼帽或经典的鸭舌毡帽，加之夹克衫内的白衬衣搭配细领带，仿佛重现昔日西西里岛上的淘气男孩，叛逆中保留着年轻人的青涩与张扬。其代表款式实例见图 7-2-1，材料分析见表 7-2-1。

图 7-2-1 Dolce & Gabbana 西西里风情男装作品

表 7-2-1 Dolce & Gabbana 西西里风情男装材料分析表

品牌名 / 款式图	Dolce & Gabbana/ 图 7-2-1
材料特征分析	千鸟格纹灰色色织棉质衬衫或纯白衬衫，灰色条纹针织 T 恤，精纺毛或毛混纺休闲西裤，皮革材质夹克、树脂纽扣、金属拉链，搭配背带、礼帽、鸭舌毡帽和细领带，尽显休闲优雅风格。

图7-2-1中服装涉及的部分材料及配饰分析

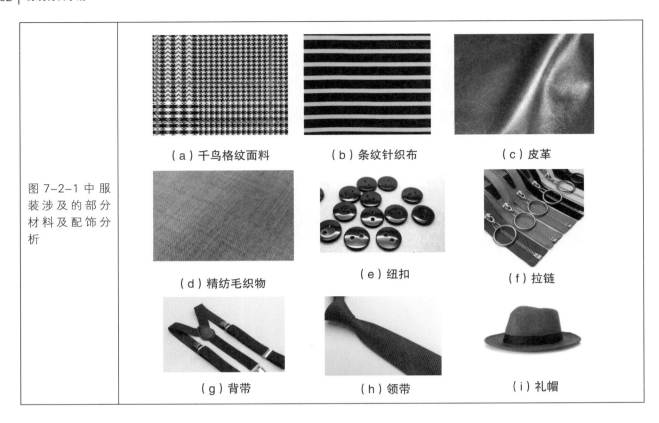

（a）千鸟格纹面料　　（b）条纹针织布　　（c）皮革

（d）精纺毛织物　　（e）纽扣　　（f）拉链

（g）背带　　（h）领带　　（i）礼帽

设计师从地中海古老的渔业传统与现代生活的社交网络中得到灵感，网络元素成为其最独特的部分，这种稀疏渔网状的套头衫、夹克到由更细密的网眼面料制成的连帽上衣、长裤乃至西装套装，镂空的格子无处不在。低腰网格长裤穿在西装短裤之外，金属色网格外套搭配灰色系衬衫，独特的透视效果新奇、性感又足够阳光硬朗。优雅的黑色系正装融入简约休闲风感觉，工装风格服饰阳刚气概与随性洒脱兼而有之，最为稳妥的黑白灰，小尖领衬衫和窄款领带，少量金属色、墨绿色做点缀，隐藏随性松散的外表下的西西里岛硬汉形象。连身裤、卷边宽松短裤等工装风格与运动风格的服饰让Dolce&Gabbana男装轻松、随性，充满阳刚气概。其代表款式实例见图7-2-2，材料分析见表7-2-2。

图7-2-2 Dolce&Gabbana简约休闲男装作品

表 7-2-2 Dolce & Gabbana 简约休闲男装材料分析表

品牌名 / 款式图	Dolce & Gabbana/ 图 7-2-2
材料特征分析	合成纤维材质网格套头衫，棉质休闲裤，棉质工装风格连身裤，棉质尖领白衬衫，精纺毛或毛混纺休闲西裤，选用纽扣、裤钩，搭配窄款领带，休闲皮包，尽显休闲优雅风格。
图 7-2-2 中服装涉及的部分材料及配饰分析	（a）网格布　　　　　　（b）棉卡其　　　　　　（c）窄款领带

第三节 Lanvin 品牌的典型男装材料解读

一、Lanvin 品牌及风格

创始人：Jeanne Lanvin（杰尼·浪凡）。

发源地：法国。

产品线：服装、鞋、配饰、手袋、香水。

品牌风格：优雅、精致。

二、Lanvin 品牌的典型男装材料分析

Lanvin（浪凡）是法国历史悠久的一个高级时装品牌。其结合古典绅士味道与现代休闲男士风度的设计，运用大面积几何色块、条纹与多种新鲜色彩，混搭出具有时代特色的 Lanvin 男性风格。Lanvin 男装的设计将摩登与复古结合，无论是从色彩的格调上还是从精致的裁剪、复古的款式方面，都彰显出顶尖时尚品牌非凡的设计感。复古的礼帽、精致的领部细节设计，无不展示着优雅而高品质的品牌特质。其代表款式实例见图 7-3-1，材料分析见表 7-3-1。

图 7-3-1 Lanvin 的摩登、复古男装作品

表 7-3-1 Lanvin 摩登复古男装材料分析表

品牌名 / 款式图	Lanvin/ 图 7-3-1
材料特征分析	锦纶夹克衫，薄毛呢修身长上衣；棉质衬衫及套头衫，薄毛呢西装，棉混纺亮面休闲裤，棉质或混纺材质风衣，搭配树脂拉链及纽扣。搭配软呢帽，领带，皮手套，尽显复古摩登风格。
图 7-3-1 中服装涉及的部分材料及配饰分析	 （a）薄毛呢　　　　　　（b）棉针织布　　　　　　（c）锦纶面料 （d）软呢帽

在 Lanvin 男装未来主义风格的设计中，色彩开始走向带有未来主义的金属色，将人们从繁华都市的经典与休闲带入了外太空的高科技世界。仍旧是利落的轮廓感加上小节奏的精致细节，高科技的面料、休闲的鞋托、略显宽松的外套、精致的领带以及拉链口袋，共同营造出 Lanvin 男装休闲时尚的高科技感。其代表款式实例见图 7-3-2，材料分析见表 7-3-2。

图 7-3-2 Lanvin 未来主义男装作品

表 7-3-2 Lanvin 未来主义男装材料分析表

品牌名 / 款式图	Lanvin/ 图 7-3-2
材料特征分析	金属镀膜或闪光涂层面料风衣，修身皮革上衣，悬垂感优良的合纤仿真丝材质长裤，棉质尖领衬衫，树脂纽扣及搭扣，搭配窄款领带，营造了高科技休闲时尚感。

图 7-3-2 中服装涉及的部分材料及配饰分析	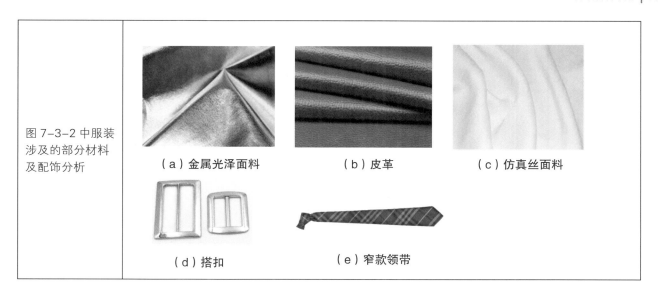

（a）金属光泽面料　　　（b）皮革　　　（c）仿真丝面料

（d）搭扣　　　（e）窄款领带

设计师 Lucas Ossendrijver 在 2015 年 Lanvin 的设计中，男装制服选用的有灰色粗花呢、威尔士亲王格，以及细条纹军大衣、军装夹克，搭配印花图案、毛皮等，分层古怪，比如前片为蛇皮纹的短夹克，搭配在了一件窗型格长款夹克外面。其代表款式实例见图 7-3-3，材料分析见表 7-3-3。

图 7-3-3 2015 年 Lanvin 男装作品

表 7-3-3 2015 年 Lanvin 男装材料分析表

品牌名/款式图	Lanvin/ 图 7-3-3
材料特征分析	粗纺花呢或精纺薄花呢长款西装或夹克，精纺毛或毛混纺休闲西裤。蛇皮纹皮革短夹克，印花图案仿真丝衬衫，棉质高领 T 恤内搭，树脂纽扣及金属拉链、西装粘合衬、宾霸里布，搭配皮革手套、休闲挎包，个性十足。

图 7-3-3 中服装涉及的部分材料及配饰分析

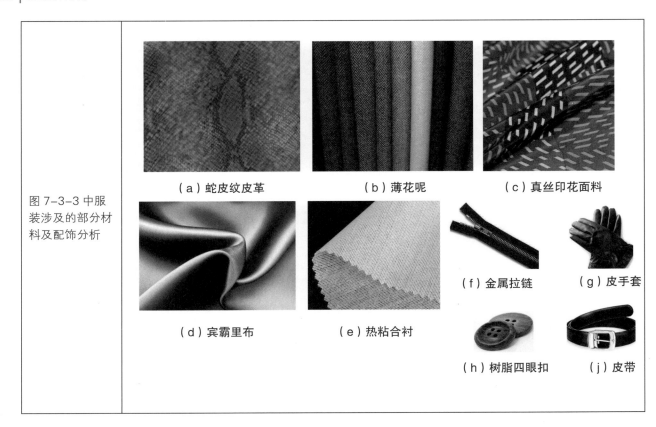

（a）蛇皮纹皮革　　（b）薄花呢　　（c）真丝印花面料

（d）宾霸里布　　（e）热粘合衬

（f）金属拉链　　（g）皮手套

（h）树脂四眼扣　　（j）皮带

第四节 Roberto Cavalli 品牌的典型男装材料解读

一、Roberto Cavalli 品牌及风格

创始人：Roberto Cavalli （罗伯特·卡沃利）。

发源地：意大利。

产品线： 女装、男装、香水等。

品牌风格：狂野、性感、奢华 。

二、Roberto Cavalli 品牌的典型男装材料分析

Roberto Cavalli（罗伯特·卡沃利）是由意大利著名设计师 Roberto Cavalli 创立的世界知名服装品牌。20 世纪 90 年代，人们常把 Roberto Cavalli 称为"时尚界狂野教主"。Roberto Cavalli 服装常常使用奢华的皮草、民俗风刺绣、图案繁复的粗针织材料等，这些取材于自然的充满野性与性感的材料，表现了设计师标新立异的性格，彻底瓦解了刻板的配搭理论。

2012 年，一场"60 年代的 Disco 风"打破了男装的刻板与单调。Roberto Cavalli 男装款式仍然坚持简单而出新意，短皮夹克内衬解开纽扣的衬衫，敞开的中长款风衣搭配长长垂下的围巾，西裤裤脚却被塞入野性十足的短皮靴中，这让 Roberto Cavalli 男装充满着浓浓的痞味与男性气概。其代表款式实例见图 7-4-1，材料分析见表 7-4-1。

图 7-4-1 2012 年 Roberto Cavalli 男装作品

表 7-4-1 2012 年 Roberto Cavalli 男装材料分析表

品牌名/款式图	Roberto Cavalli/ 图 7-4-1
材料特征分析	具有纹路肌理效果的短皮夹克，精纺毛或毛混纺休闲西裤，锦纶或其混纺材质风衣，金属拉链，树脂纽扣，宾霸里料，搭配薄羊毛长围巾、短皮靴，凸显男性的俊朗洒脱。
图 7-4-1 中服装涉及的部分材料及配饰分析	（a）肌理效果皮革　（b）锦纶面料　（c）羊毛围巾　（d）短皮靴

　　随后，Roberto Cavalli 的男装除保留了男正装的感觉外，在鞋子、配饰等细节与面料裁剪中呈现出强烈的未来感，略带光泽的面料、精致的项饰、西班牙式的亮光尖头皮鞋，让 Roberto Cavalli 越来越亮眼。其代表款式实例见图 7-4-2，材料分析见表 7-4-2。

图 7-4-2 Roberto Cavalli 未来感男装作品

表 7-4-2 Roberto Cavalli 未来感男装材料分析表

品牌名 / 款式图	Roberto Cavalli/ 图 7-4-2
材料特征分析	棉质尖领免烫衬衫和针织套头衫，具有金属光泽感的闪光面料西服，搭配亮光尖头皮鞋，时尚皮带、项饰，彰显未来感。
图 7-4-2 中服装涉及的部分材料及配饰分析	（a）闪光面料　（b）针织毛衫面料　（c）免烫棉织物 （d）亮光尖头皮鞋　（e）时尚皮带

第五节 Valentino 品牌的典型男装材料解读

一、Valentino 品牌及风格

创始人：Valentino Garavani（格拉瓦尼·华伦天奴）。

发源地：意大利。

产品线：高级女装，男装，配饰，皮具，珠宝，手表，眼镜，香水系列等。

品牌风格：时尚、经典、崇尚内涵。

二、Valentino 品牌的典型男装材料分析

作为全球高级定制和高级成衣中顶级的奢侈品牌，Valentino 所具有的宫廷式的奢华与罗马贵族气息是其他品牌无可比拟的。Valentino 男装沉稳传统又不失前卫，奢侈华贵又不失简洁之美，选料考究且工艺品质上乘。精致的丝绸西装、粗犷的猎装夹克，设计师似乎故意要在经典的绅士路线与随意轻松的休闲格调之间找到平衡。色彩选择柔和的卡其色调以及高雅的海军蓝色调，并加之黑白色。这些色调让穿着 Valentino 男装的男性显得稳重而不乏活力。在细节上，白衬衫上细微褶皱、皮装上的菱形暗纹、猎装夹克的领口搭扣以及口袋和袖口的设计等，设计师用点点笔墨就将 Valentino 的精致彰显无余。事实上，这些细节在工艺上也都极为讲究，经典款式的内外混搭、精湛的工艺配合贴身的裁剪，让 Valentino 男装受到社会名流的青睐。其代表款式实例见图 7-5-1，材料分析见表 7-5-1。

图 7-5-1 Valentino 休闲绅士男装作品

表 7-5-1 Valentino 休闲绅士男装材料分析表

品牌名/款式图	Valentino/ 图 7-5-1		
材料特征分析	丝绸衬衫，精纺毛料西裤，天然皮革夹克，尽显精致品味。		
图 7-5-1 中服装涉及的部分材料及配饰分析	 （a）真丝面料	 （b）皮革	（c）塑料纽扣

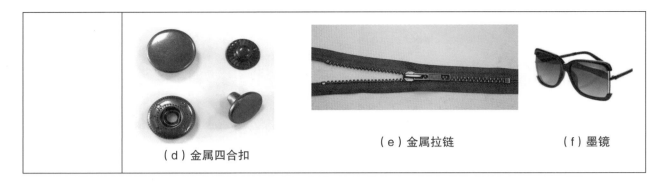

	（e）金属拉链	（f）墨镜
（d）金属四合扣		

在后期 Valentino 的设计中，传统的西装外套使用不同质感的布料拼接，更有层次，结构感极强的大衣以及经典英伦质感的皮衣外套，与毛衣一起内搭白色衬衫，回归到 20 世纪 60 年代的绅士风格。其代表款式实例见图 7-5-2，材料分析见表 7-5-2。

图 7-5-2 Valentino 传统绅士男装作品

表 7-5-2 Valentino 传统绅士男装材料分析表

品牌名/款式图	Valentino/图 7-5-2
材料特征分析	采用不同质感的毛呢布料拼接夹克，内搭精纺毛或其混纺西服，羊毛针织衫，棉质白衬衫，锦纶材质工装风格夹克，天然皮革长外套，宾霸里料及金属拉链、树脂纽扣，搭配皮革手套与手拿包，尽显绅士风格。
图 7-5-2 中服装涉及的部分材料及配饰分析	（a）毛呢面料　　　　　　　　　　（b）针织羊毛衫面料

（c）天然皮革　　　（d）手拿包　　　（e）皮手套

　　Valentino 的男装也有着休闲而具有运动感的一面，使得其更贴近男人们的生活，展现出男人们穿着的热情与传统交融的一面。从色彩上看，Valentino 似乎更加青睐于草绿色和卡其色。这种色彩融合了军装中的一些元素，在传统外形上微微改动，棉、尼龙、网面以及氯丁橡胶混合在夹克中，用来保持外型的笔挺。这种设计师营造出的正装与休闲运动装之间的平衡感，让人们体会到 Valentino 男装随意轻松的一面。其代表款式实例见图 7-5-3，材料分析见表 7-5-3。

图 7-5-3 Valentino 休闲运动男装作品

表 7-5-3 Valentino 休闲运动男装材料分析表

品牌名 / 款式图	Valentino/ 图 7-5-3
材料特征分析	在夹克中以棉、尼龙与氯丁橡胶混搭，形成挺括的外型，棉混纺材质 Polo 衫，迷彩牛仔夹克，棉或棉混纺休闲裤，金属纽扣与树脂拉链，搭配运动鞋、手包，展示出休闲运动风格。

图 7-5-3 中服装涉及的部分材料及配饰分析

（a）棉/尼龙面料

（b）氯丁橡胶面料

（c）迷彩牛仔布

（d）金属四合扣

（e）树脂拉链

第八章 现代男装材料的新拓展

随着科技的进步和文化的发展，社会正朝着多元化的方向发展。在强调多元性、差异性的大众化环境和服饰的国际化背景下，男装的设计也越来越多元化，其表现在色彩的多样化、细节处理的多样化，尤其是男装材质的多样化。材料的突破和创新，不断推动着男装的个性化发展。

第一节 现代男装材料向多元材质拓展

在这个提倡多元化的社会里，男装一改严肃、古板、庄重的面孔，饱和度较高的艳丽色彩和各种不同材质都开始被大胆使用，男装材质从单一化走向多元化。近年来流行的女性花纹、闪光和特殊肌理的纱料、丝绸，以及针织物、毛织物都被设计师运用到男装的设计上，使男人看起来更加细腻温柔、生动洒脱。天然材质的面料成为首选，棉、麻、丝、毛的运用为服装带来更加舒适、凉爽和洒脱的感觉。或者是采用丝与毛、丝与金属纤维或莱卡纤维等混合，制造出纤细、闪亮、柔和、锋利甚至妖艳的效果。而对于男装中性风格设计而言，选材上以带有未来主义感的华丽材质为主，使得男装在时尚与前卫中演绎着传统奢华的回归。此外，镂空、华丽的珠饰等具有立体感的元素，在设计风格上都展现着非同一般的特质。目前男装所普遍使用的多元化材料概括如下。

一、混纺材质面料

随着服用纺织品的种类越来越多，用途也各不相同，而对于不同用途的服用纺织品的特性要求也不同。不论是天然纤维还是合成纤维，都有其各自的优缺点。由单一纤维制成的服装，肯定存在某些方面的不足，混纺技术通过混合两种及以上传统纤维材料制成的新面料，恰好解决了这些问题。它将不同性质的纤维进行混纺，取长补短，能改变原始成分面料的重量、外观、透气性、吸湿性、耐久性，甚至于颜色，打破了天然纤维与化学纤维之间的界限，为面料设计带来新的思路和创作灵感。

下面列举一些男装常用的混纺面料。

（一）涤 / 棉混纺面料

涤 / 棉混纺面料是以涤纶和棉为主要成份的混纺纱线织成的织物，是一种互补性强的混纺材料。特点在于既突出了涤纶的风格又具有棉织物的长处，在干、湿情况下弹性和耐磨性都较好，尺寸稳定，缩水率小，具有挺拔、不易皱折、易洗、快干的特点。目前很多男装衬衫都采用涤 / 棉混纺面料（图 8-1-1）。图 8-1-2 为其他的涤 / 棉混纺面料图。

图 8-1-1 涤 / 棉混纺衬衫　　　　　　　　图 8-1-2 涤 / 棉混纺面料

（二）涤／黏混纺面料

涤／黏（T/R）混纺面料是指涤纶与黏胶混纺的织物（图 8-1-3、图 8-1-4）。涤／黏不仅有棉型、毛型，还有中长型。当涤纶含量不低于 50% 时，这种混纺织物能保持涤纶的坚牢、抗皱、尺寸稳定，可洗可穿性强的特点。黏胶纤维的混入，改善了织物的透气性，提高了抗熔孔性，降低了织物的起毛起球性，增强了抗静电现象。

图 8-1-3 涤／黏混纺面料休闲西裤

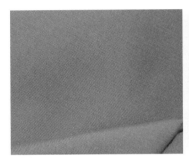

图 8-1-4 涤／黏混纺面料

（三）毛／涤混纺面料

毛／涤混纺面料指由羊毛和涤纶混纺纱线织成的织物，既可保持羊毛的优点，又能发挥涤纶的长处（图 8-1-5、图 8-1-6）。几乎所有的粗、精纺毛织物都有相应的毛／涤混纺品种。其中精纺毛／涤薄型花呢又称凉爽呢，俗称毛的确良，是最能反映毛／涤混纺特点的织物之一。毛／涤薄型花呢与全毛花呢相比，其质地轻薄，折皱回复性好，坚牢耐磨，易洗、快干，褶裥持久，尺寸稳定，但手感不及全毛柔滑。若在混纺原料中用光涤纶，其呢面有丝的光泽；若在混纺原料中使用羊绒或驼绒等动物毛，则其手感较滑糯。

图 8-1-5 毛／涤混纺外套

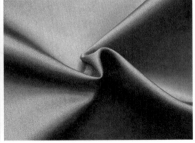

图 8-1-6 毛／涤混纺面料

（四）棉／麻混纺面料

棉／麻混纺面料指棉和麻按照一定的比例混合纺纱织成的面料（图 8-1-7、图 8-1-9）。亚麻和棉的混纺早在 18 和 19 世纪就已经出现。棉／麻混纺面料具有环保、透气、吸湿、垂感好、穿着舒服等优势。在男士服装中还能见到亚麻、羊毛与丝绸混合而成的织物（图 8-1-8）。

图 8-1-9 棉 / 麻混纺面料

图 8-1-7 棉 / 麻混纺西装　　图 8-1-8 亚麻、羊毛和丝混纺西装

服装市场的竞争最终体现在面料的竞争上,面料决定了服装的质地和色彩。现如今面料打破了棉纺、毛纺、麻纺和丝织品的界限,产品相互渗透,纤维原料已由单一品种向多种纤维的方向发展。这些突破性的组合,不仅降低了产品的成本,对纤维的特点取长补短,还大大增加了面料的花色品种,同时这也是由面料的流行性、感官性和功能性的需要所决定的。

二、不同织物组织或结构的综合运用

织物组织构造的原则及复杂程度不同,会直接影响到织物的外观风格和内在质量。同一织物可以采用相同的组织,也可采用不同的组织(图 8-1-10 至图 8-1-13)。如缎纹组织和其他组织间隔排列就是赋予面料柔和光泽的缎条面料。又如泡泡纱面料,是布身呈现凹凸状泡泡的薄型棉织物,有漂白、素色、印花和色织彩条、彩格等多种花色,穿着透气舒适,洗后不需熨烫,且外观新颖别致,宜做夹克衫、衬衫、睡衣等。

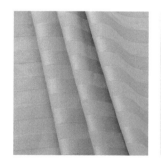

图 8-1-10 缎条面料　　图 8-1-11 提花组织面料　　图 8-1-12 针织毛衫的变化组织　　图 8-1-13 泡泡纱面料

三、不同质地面料搭配

为了凸显服装的变化,丰富服装设计时在面料质地上的可选性,将柔软的面料和硬挺的面料搭配,反而可以更加突出各自面料本身的材质特色,产生强烈的对比效果(图 8-1-14、图 8-1-15)。但面料混搭时,要注意了解每一种面料的季节特征。比如若将混纺羊毛的呢质面料与雪纺面料搭配在一起,尽管秉承了顺滑面料的搭配精神,但是却会造成季节错乱的感觉。

图 8-1-14 面料拼接衬衫（桃皮绒 + 棉色织布）　　图 8-1-15 面料拼接夹克（人造皮革 + 磨砂斜纹布）

四、不同制作工艺组合

通过不同的制作工艺，如贴、缝、挂、吊、绣、热压等方法，把珠片、羽毛、花边、贴花、刺绣等多种材料与元素添加到现有材质上，形成新的视觉美感。

（一）绣饰

绣饰指在服装材质上，以针列线，按照图案造型以不同绣法进行穿刺，再次对材质进行艺术化加工的工艺。彩绣、十字绣、抽纱绣、针珠绣等十余种绣法，别致的细节刺绣，尤其是那种神秘图腾款式的绣花，更能得到男式的宠爱。

在图 8-1-16 中，设计师随意地运用粗糙的线迹和松散的线头，打造出杂乱的外观效果。鲜艳的缝线搭配暗色基底效果较佳，借助浮线增强了纹理感。在图 8-1-17 中的丹宁刺绣中的海景和山脉等图案以童真或抽象的方式呈现，借助鲜亮电子色营造梦境般的逃避主义格调。图 8-1-18 为使用的其他绣花面料。

图 8-1-17 丹宁刺绣　　　　　　图 8-1-18 绣花面料

图 8-1-16 纹理感刺绣作品

（二）吊挂

吊挂是指在面料上吊挂各种珠片、绳、穗等装饰材料，或满地吊挂覆盖了底料，或局部吊挂，露出部分底料，使底料与吊挂装饰材料形成一定的对比。如一直被女性们宠爱的流苏元素已被设计师们应用到男装的裤腿、腰间等细节处，中和了夹克的硬朗和牛仔裤的粗犷（图 8-1-19 至图 8-1-21）。镂空纹样、钉珠等女性化细节现今已时常在男装中见到，一直以温柔著称的荷叶边如今在男装的衣领上也不难找到（图 8-1-22、图 8-1-23）。如时尚大师路易·威登推出的荷叶边衬衫流露出男性的几分温柔和羞涩。

图 8-1-19 流苏装饰 T 恤

图 8-1-20 流苏装饰长裤

图 8-1-22 荷叶边衬衫

图 8-1-23 荷叶边面料

图 8-1-21 流苏面料

不过这种荷叶边衬衫绝对要避免多种色彩的堆砌，最好就是选择清淡的纯色衣料，过分艳丽的色彩只会使穿着者看起来妖艳俗气。

（三）拼贴

将不同的面料通过一层一层的粘贴、缝制进而组合在一起，使得服装在结构、色彩和面料上富有变化。拼贴选用的面料与底层服装面料形成颜色、光泽、材质上的差异，产生冲突碰撞的效果（图 8-1-24）。也可以将面料在边缘处缝制在一起，形成过渡变化效果（图 8-1-25）。

图 8-1-24 服装拼贴设计

图 8-1-25 不同外观面料的拼缝

（四）编织

编织是指将面料进行剪裁或者搓叠成条状或绳状之后，使用编织的手法进行造型加工。在与服装设计结合之后极大的丰富了服装表现手法，编织在与服装结合得到认可之后，呈现出成衣化、潮流化、多样化、拼接化趋势（图 8-1-26、图 8-1-27）。

图 8-1-26 编织设计

图 8-1-27 编织面料

（五）热压涂层

热压涂层指把某种有光泽的涂层材料热压到光泽感不强的棉、麻织物上，增强其表面的光感。先将涂层浆涂在经有机硅预处理过的转移纸或金属带上，然后将基布与转移纸面对面叠合并经轧压辊转移到基布上，冷却后将转移纸和加工织物分离即成（图 8-1-28、图 8-1-29）。

图 8-1-28 热压涂层 T 恤

图 8-1-29 热转移印花布料

在信息社会的大环境下，多元化的服装是现在社会生活中不可缺少的设计需求，多元化的社会使人们的视野更加开阔，选择也更多。无论是基于历史性、实用性还是美观性，男装多元化都是一种必然的发展趋势。

第二节 现代男装材料的高科技化与个性化设计的融合

个性化，顾名思义就是非一般大众化的东西，指在大众化的基础上增加独特、另类、拥有自己特质的需要，独具一格，打造一种与众不同的效果。

进入 21 世纪，物质的富足催生了世界范围内的精致生活思潮，众多消费者开始对生活品味有了自己的独到理解和诠释。他们高扬精致生活、文化情趣、个性、自我等旗帜，打造自己的完美生活理念。在这种新消费观念的带动下，追求个性成为当今社会的一种潮流，服装个性化也是整个服装行业发展的趋势。

而男装的个性化往往通过面料来实现。正因为男装款式不如女装丰富，而且大部分男性也不易接受太出格的设计，面料就成为设计师眼中的突破口，尤其是男装材料的高科技化往往和个性化的设计高度融合。下面列举了一些常用在个性化设计中的高科技男装面料实例。

一、金属质感面料

金属光泽永远都是雍容华贵的标志，不管是闪光面料的服饰还是金属色的饰品，都能为男人带来一种贵族的气质。可以通过闪光亮片和闪光面料两种方式使服装具有金属光泽。

（一）闪光亮片

闪光亮片是服装的辅料之一。服装中铺亮片的面积不要太大，色调上与整体也要统一，让服装整体看起来相当摩登，还有一点点未来感，却不会显得过分华丽或闪耀（图 8-2-1、图 8-2-2）。

图 8-2-1 服装亮片设计   图 8-2-2 亮片面料

（二）闪光面料

闪光织物具有独特的风格和动感效应，或炫亮耀眼，或硬朗塑型，时空交错的梦幻感使服装设计更具有时代与未来感。闪光织物主要有金属镀膜织物、闪光涂层织物、金银粉印花等。

图 8-2-3 的设计中的这身绿色金属光感针织衫，奢华中带有隐秘的未来主义。闪光面料的出彩度达到五星级，在传统的深色西装中加入了褚红、深黄等一系列闪光面料，使低调的颜色显得奢华感十足，时尚感从反射出的光晕中呼之欲出，十分抢眼。黑色斑马纹三件套西装，微微泛出亮光的样子，显得很有质感和品位。大面积的暗花花纹，增加了西装的时尚感。

闪光面料所呈现的各种效果见图 8-2-4。

图 8-2-3 闪光面料服装

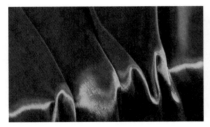

图 8-2-4 闪光面料

二、涂层面料

涂层面料就是在织物上通过物理或化学的方法覆盖一层无机或有机高分子功能物质，从而形成与织物的复合物。这种复合物不仅保持了织物的原有功能，还为织物增加了覆盖层的功能特性，如防水（图 8-2-5）、防油、防尘、抗菌、抗紫外线等，还可以改变织物的外观性能，如手感丰满、增加色彩光亮度、水洗后层次感强、花纹清晰等。

例如：对牛仔布进行涂层整理（图 8-2-6），改善牛仔布和牛仔服装的手感、外观，得到全新的水洗效果、良好的表现色、新型的怀旧感，甚至改善牛仔服装色牢度差的问题等。通过应用适当的聚合物成分配方，牛仔布的强度和其他性能都可得到改进，还同时会具备一些功能性和环保性能。

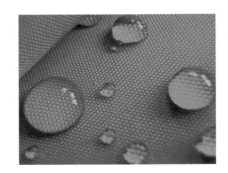

图 8-2-5 防水涂层面料

图 8-2-6 涂层牛仔裤

三、环保面料

可持续时尚也称"生态时尚"，人们提出这个理念的初衷就是希望一件产品从生产到投入使用的整个生命周期中，能够考虑到它对环境和社会产生的影响，消耗更少的自然资源，减少对环境的污染。可持续时尚已逐步成为主流文化。

考虑到目前的黏胶纤维或可溶解纤维主要从树木中获得，瑞典纺织品回收公司 Re:newcell 研发了一种新技术——基于纤维素的纺织纤维回收流程，能将废弃的纺织品（如牛仔裤、T恤等旧衣物）转化成新的溶解木浆。这种溶解木浆可以大大延长人类现有资源的使用期限。时尚界流行复古风，但有些公司没有刻意在"做旧"方面做文章，而是利用真正的旧面料做设计。美国知名牛仔服制造商 Levi's 很早就开始拓展环保领域。最早推出的 Levi's WaterLess 系列的耗水量减少了28%；2012年全新 WaterLess 系列主张回收塑料瓶和食物托盘，然后再利用；2013年春季系列的30万条牛仔裤，回收了360万个塑料瓶和托盘，而且随着产能的提升，这个数字还将增加。WaterLess 系列的终极目标是节水96%。

英国 Worn Again 的纺织物化学回收技术，创造了纺织物的"循环资源模式"。他们从旧的、或不用的衣物及纺织物中分离提取聚酯纤维和棉纱，并运用这种分离技术将回收的聚酯纤维和纤维素化合物制成新面料。该技术解决了纺织品循环利用的头等难题：如何分离混合纤维服装，如何分离聚酯纤维和纤维合成物中的色素及其他杂质。该技术目前已经在 H&M 和 Puma 的供应链上进行试验。

西班牙皮革专家 Carmen Hijosa 耗时7年而研发了一种可以代替皮革的特殊面料 Piñatex，它是以菠萝叶纤维制成的（图8-2-7）。Piñatex 的生产不需要土地、水、杀虫剂、肥料，也不会产生废料。Hijosa 雇佣菲律宾本地的农民收集菠萝叶并从中提取纤维，然后把这些纤维全部运送到西班牙加工成无纺布，最后销往全球各地。这些无纺布材料与帆布有着类似的外观，其质地坚硬，可批量生产，经印染后可加工成鞋、包、家具，甚至延伸到汽车、航空领域。一些国际公司已经开始出售用这种材料制造的手袋、靴子、平底鞋等。

图 8-2-7 Piñatex 面料

美国杜邦公司开发的纺丝级聚合物 Sorona 是一种生物质弹性纤维。Sorona 既是生物科技和纤维技术的完美结合，也是目前世界上唯一一种工业化生产的生物质弹性短纤维。Sorona 的诞生结束了弹力短纤维不能用于生产纺织纱线的历史，为新型面料和服饰的开发留下巨大的创意空间，是纺织行业的一次革命性的变革。由于它独特的环状分子结构，Sorona 能赋予织物丰富的性能组合，如超柔的手感、舒适的拉伸回复性、易上色（常温常压沸染）、抗污、耐紫外线和免烫等。不仅如此，Sorona 聚合物按重量比，有 37% 的原料来自于可再生资源（目前是玉米糖），其制成工艺更具节能减排的环保意义。Sorona 面料西装见图 8-2-8。

图 8-2-8 Sorona 面料西装

第三节 男装材料选用与男性生活场景关联

一、男装面料选用与男性生活场景

男性服装绝不仅仅是一个装扮问题，而是具有很多的社会属性。男装材料的选用往往和男性的生活场景有着明显的关联性。男装已经逐渐形成了国际化的品类划分，如商务正装、商务休闲、时尚休闲、户外休闲等概念正在中国男士的消费观念中形成。高级白领等的着装习惯也从原来的商务正装的单一死板，逐步地向商务休闲装的能多场合穿着、舒适感好以及户外休闲装贴近野外风格等特殊要求而转移。高端人士对待服装的需求更加品牌化、国际化、户外化和休闲化。时尚休闲装因品牌化、新颖化更被消费者接受和喜爱。

作为一个经济独立的有社会责任感的男人，在整个社会对外表高度重视的风气中，其衣着形象要根据自己在生活中的不同角色去寻找定位，有哪些不同的场合需要自己扮演什么样的角色，并用什么样的着装去告诉别人以及提醒自己的社会角色归属。

例如：对事业型的男人来说，商务旅行已经成为职业生涯中的重要内容。商务旅行的目的非常明确，会见、谈判甚至签约，因此在着装上务必让自己和在办公室一样。但商务旅行在保证商务会谈顺利的同时，也要让自己的旅行在轻松中进行。因此，抗皱和防污是目前商务男装面料的两大发展需求。在纺织服装业内，亚麻和纯棉面料一直被称为衬衫加工面料中的贵族。但是，这两种面料的产品在日常护理中都存在易皱、易变形、易染色或者褪色变色的缺点，每次洗涤之后都必须经过熨烫。抗皱免烫整理可以减少这类织物水洗后起皱的可能性，使纺织品具有不易产生折皱或产生的折皱易恢复原状，并且在使用过程中能保持平挺的外观（图 8-3-1）。防污面料是具有防止污染物沾污的功能型面料，一般也是通过面料后整理的方式使织物具有防污功能（图 8-3-2）。例如，富士纺公司开发的 100% 棉质防污面料 Wonder Fresh，是一种兼具耐油污和易去油污渍的功能型面料，且功效不会随着水洗次数的增加而减弱，且能保证该 100% 棉面料的吸水性不受影响。

图 8-3-1 免烫衬衫　　　　　图 8-3-2 防污面料的拒油功能

二、男用配饰材料选用与男性生活场景

服装配饰与服装相比，处于次要的、从属的地位，但同时又具有时代的鲜明性和引导时尚的前瞻性。在现代日常生活中，人们的着装准则依赖于当今的环境、文化、审美和潮流，人们对着装的要求体现在美观、舒适、卫生、时尚、个性和整体协调方面，以服装为主体，鞋帽、首饰等服装配件都要围绕服装的特点来搭配，从款式、色调、装饰上形成一个完整的服饰系列，与着装者形成完美的统一。

（一）帽子材料选用与男性生活场景

帽子既可以强化朴素的衣物，使淡淡的衣装显得高雅脱俗，又可以通过选用对比色系来吸引众人的眼光，还可以通过选用同色系来柔化太耀眼的服装，达到整体美的感觉。

例如，在一些正式场合，一些经典着装搭配一顶圆顶礼帽，能明显地突出稳重且时髦的着装风格。这种复古风格适合老派绅士。与圆顶礼帽相比，鸭舌帽更常见许多，它也是英国绅士的经典之选，多数材质都以毛呢（图 8-3-3）、羊毛、棉为主。在材质搭配方面，帽子尽量选择与服装不同的面料。麂皮、皮质的鸭舌帽也不为一种新的尝试。软呢帽帽檐稍宽，中部柔软，采用软毡毛面料，最适合秋冬。软毛呢帽会让男士们显得更加精致、有质感（图 8-3-4）。

图 8-3-3 呢子面料

图 8-3-4 圆顶礼帽、鸭舌帽、软呢帽（从左至右）

（二）领带材料选用与男性生活场景

领带可以说是商界男士穿西装时最重要的饰物。在欧美各国，领带与手表、装饰性袖扣并列称为"成年男子的三大饰品"。作为西装的灵魂，领带的选择讲究甚多。

最好的领带应当是用真丝（图 8-3-5）或者羊毛制作而成的。以涤纶丝制成的领带售价较低，有时也可以选用。除此之外，在商务活动中均不宜佩戴用棉、麻、绒、皮、革、塑料、珍珠等材料制成的领带。

领带有单色与多色之分。在商务活动中蓝色、灰色、棕色、黑色、紫红色等单色领带都是十分理想的选择。在正式场合中切勿使佩戴的领带多于三种颜色，同时也尽量少用浅色或艳色领带。三种以上的色彩所制成的领带与浅色或艳色领带，仅适用于社交或休闲活动之中。

领带有箭头与平头之分（图 8-3-6）。领带的长度要适中，领带色彩、图案的搭配要协调、适宜。领带以底色作主色，选择与西装同色系或对比色系配搭，衬衫应选择与图案相同的颜色。例如：蓝底白

图 8-3-5 不同图案的真丝领带

点的领带配白衬衣，西装则选与领带底色一致的蓝色；较花的衬衫最好避免规则图案的领带，而图案和颜色较鲜艳的衬衫，也不适合搭配保守的领带。

图 8-3-6 丝质箭头领带与平头领带

（三）包材料选用与男性生活场景

手拿包或公文包是男士唯一拿在手中的单品。公文包被称为商界男士的"移动式办公桌"。它的面料以真皮为宜，并以牛皮、羊皮制品为佳。一般来讲棉、麻、丝、毛、革以及塑料、尼龙制作的公文包不适宜于正式场合。它的色彩以深色、单色为好，浅色、多色甚至艳色的公文包均不适用于商界男士。在常规情况下黑色、棕色的公文包是最正统的选择。除商标之外，商界男士所用的公文包在外表上不宜再带有任何图案、文字。最标准的公文包是手提式的长方形公文包。手拿包适用于多种场景。正常通勤款式的包不能太花俏，搭配西装或休闲服时其格调需高雅，呈现出沉稳睿智的专业形象。若工作环境比较轻松或者休假出行，可考虑稍微圆润饱满的手拿包款型，减少线条过于锋利而增加的制式感。与休闲装相配的用尼龙等制作的大包袋也得到了人们的青睐，如外出旅行时可背的登山包等（图8-3-7）。

图 8-3-7 公文包、手拿包、双肩包（从左至右）

（四）鞋与袜的材料选用与男性生活场景

鞋随着服装的变化而变化，其在材质、造型、色泽上不断翻新。男式鞋样式多，运动鞋、休闲鞋也以独特的风格在鞋的家族中占有一席地位。

穿西装时鞋的选择应绅士一些，鞋一定要干净、亮泽。穿牛仔服装，可穿运动鞋，给人健康、青春的感觉，也可以配长靴，体现骑士风度。与西装配套的皮鞋应当是真皮制品而非仿皮。一般来说，牛皮鞋与西装最为般配。与西装配套的皮鞋，按照惯例应为深色、单色。商界男士在正式场合所穿的皮鞋应当没有任何图案、装饰，款式理当庄重而正统。根据这一要求系带皮鞋是最佳之选。

穿西装、皮鞋时所穿的袜子最好是纯棉、纯毛制品。有些质量好的以棉、毛为主要成分的混纺袜子也可以选用，袜子以深色、单色为宜，并且最好是黑色的。

（五）皮带材料选用与男性生活场景

皮带应与所穿服装相互协调（图8-3-8、图8-3-9）。穿双排扣衣服系宽皮带较合适，穿单排扣衣服则系细皮带。春夏季若仅穿衬衫时，系细皮带比宽皮带会更显时尚。皮带与所穿服装的颜色以同色或相近色的搭配为宜。另外，皮带还应该与皮鞋相协调。皮带的花纹、材质要注意与服装的协调一致。休闲皮带的穿搭有更多地发挥空间，因为选择非常多，光在质料方面就可以有皮革或是帆布的选择。另外，比较受欢迎的还有雕花或编织等的皮带。

图 8-3-8 正式皮质皮带

图 8-3-9 不同材质的休闲皮带

参考文献

[1] 姚穆．纺织材料学 [M]．4 版．北京：中国纺织出版社，2015.

[2] 吴微微．服装材料学应用篇 [M]．2 版．北京：中国纺织出版社，2016.

[3] 朱松文，刘静伟．服装材料学 [M]．4 版．北京：中国纺织出版社，2010.

[4] 李艳梅，林兰天．现代服装材料与应用 [M]．北京：中国纺织出版社，2013.

[5] 候玲玲．服装材料肌理设计与表现 [M]．上海：上海人民美术出版社，2016.

[6] 任绘，修晓倜．服装材料创意设计 [M]．2 版．长春：吉林美术出版社，2014.

[7] 马大力，杨颐，陈金怡．服装材料选用技术与实务 [M]．北京：化学工业出版社，2005.

[8] 刘国联．服装新材料 [M]．北京：中国纺织出版社，2005.

[9] 王革辉．服装材料设计 [M]．上海：东华大学出版社，2011.

[10] 包铭新．近代中国男装实录 [M]．上海：东华大学出版社，2008.

[11] 朴俊性．型男 [M]．钱卓，译．北京：中国纺织出版社，2013.

[12] 华梅，邹至萍．21 世纪国际顶级时尚品牌男装 [M]．北京：中国时代经济出版社，2007.

[13] 李如刚，卞向阳，张宏．男士衣典 [M]．上海：东华大学出版社，2007.

[14] 《时尚先生》杂志社．男装完全手册 [M]．北京：中国轻工业出版社，2007

[15] 黄桢善．商务男士的魅力衣服 [M]．千太阳，译．桂林：漓江出版社，2012.

[16] 日本西服先上委员会．穿出你的西装风格 [M]．李静宜，译．北京：中国纺织出版社，2013.

[17] 维蓉尼克·亨德森，帕特·亨肖．成功男士形象 [M]．姜白，俞瑾华，译．北京：中信出版社，2007.

[18] 今井志保子．男人本色 [M]．徐茜，译．北京：印刷工业出版社，2011.

[19] MCOO 时尚视觉研究中心．流行时装设计手册．男装设计 [M]．北京：人民邮电出版社，2011.

[20] 时涛，欧阳明德．男装品鉴 [M]．北京：中国纺织出版社，2010.

[21] 穆慧玲．西方服装史 [M]．上海：东华大学出版社，2018.

[22] 刘瑜．中西服装史 [M]．上海：上海人民美术出版社，2015.

[23] 张竞琼，孙晔．中外服装史 [M]．合肥：安徽美术出版社，2012.

[24] 赵刚，张技术，徐思民．西方服装史 [M]．2 版．上海：东华大学出版社，2019.

[25] 华梅，要彬．中西服装史 [M]．北京：中国纺织出版社，2014.

[26] 朱远胜，季荣，陈敏．服装材料应用 [M]．3 版．上海：东华大学出版社，2016.

[27] 陈海珍，竺梅芳．服装面辅料采购 [M]．上海：东华大学出版社，2020.

图书在版编目（CIP）数据

男装材料手册 / 刘茜编著 . -- 上海 ：东华大学出
版社，2020.12
ISBN 978-7-5669-1829-1

Ⅰ . ①男… Ⅱ . ①刘… Ⅲ . ①男服－材料－手册
Ⅳ . ① TS941.718-62

中国版本图书馆 CIP 数据核字（2020）第 234273 号

责任编辑：谭　英
封面设计：Marquis
版式设计：唐彬彬

男装材料手册
Nanzhuang Cailiao Shouce

刘茜　编著

东华大学出版社出版
上海市延安西路 1882 号
邮政编码：200051　电话：（021）62193056
出版社官网　http://dhupress.dhu.edu.cn/
出版社邮箱　dhupress@dhu.edu.cn
当纳利（上海）信息技术有限公司印刷
开本：889 mm×1194 mm 1/16　印张：8 字数：282 千字
2020 年 12 月第 1 版　2020 年 12 月第 1 次印刷
ISBN 978-7-5669-1829-1
定价：49.00 元